世界总会悄悄奖励那些努力的人

苏眉细细 著

新世界出版社
NEW WORLD PRESS

图书在版编目（CIP）数据

世界总会悄悄奖励那些努力的人 / 苏眉细细著 . -- 北京 : 新世界出版社 , 2023.6（2024.10 重印）

ISBN 978-7-5104-7683-9

Ⅰ . ①世… Ⅱ . ①苏… Ⅲ . ①成功心理—通俗读物 Ⅳ . ① B848.4-49

中国国家版本馆 CIP 数据核字 (2023) 第 043080 号

世界总会悄悄奖励那些努力的人

作　　者：苏眉细细
责任编辑：董晶晶
责任校对：宣　慧　张杰楠
装帧设计：贺玉婷
责任印制：王宝根
出　　版：新世界出版社
网　　址：http://www.nwp.com.cn
社　　址：北京西城区百万庄大街 24 号（100037）
发 行 部：(010)6899 5968（电话）　(010)6899 0635（电话）
总 编 室：(010)6899 5424（电话）　(010)6832 6679（传真）
版 权 部：+8610 6899 6306（电话）　nwpcd@sina.com（电邮）
印　　刷：天津旭非印刷有限公司
经　　销：新华书店
开　　本：787mm × 1092mm　1/32　尺寸：145mm × 210mm
字　　数：250 千字　印张：9.75
版　　次：2023 年 6 月第 1 版　2024 年 10 月第 2 次印刷
书　　号：ISBN 978-7-5104-7683-9
定　　价：52.80 元

优雅与从容，
如一束温和明亮的光，
吸引靠近她的人。
而这背后，是跌了无数跟头，撞过无数南墙，扛过无数委屈之后，
慢慢淬炼出来的岁月静好。

44

Coffee
and
Friends
Blend

自序

走过山重水复，才有柳暗花明

去年下半年，当编辑老师和我约这本书稿的时候，我觉得内心有一朵硕大的花儿悄然绽放，感觉自己终于完成了某种仪式，抵达了梦想的彼岸。

我在做了十几年纸媒作者之后，于三年前转型自媒体。因为陆续写了一些所谓的“爆文”，不时有编辑联系我出书，但都因与自己的想法不契合而作罢。

一直以来，我都是一个追求完美的人，有点执拗，有点任性，无论做什么，都想尽力做到最好。

这本书里，几乎每一篇都有我或者我身边人的影子。普通人的故事，虽然渺小，却真实动人。

在某种程度上说，这本书也是自我疗愈、暗夜自度的历程。

几年前，我在职场上遭遇重创。命运和我开了个玩笑，先是往我怀里扔了一个馅饼，就在我手捧馅饼发蒙的当口，又迎头给了我重重一击。我就像一辆高速行驶的汽车，忽然被踩了急刹。

生活瞬间脱轨，内心是铺天盖地的茫然。

蒙过之后，我开始思考，思考人生中真正重要而我此前却无暇顾及的人、事、物，却始终不得要领。

那段时间，我经常在大街上漫无目的地行走，即使是倾城丽日，在我眼里也如同六月飞雪。

直到有一天，我去参加一个聚会，沙龙上有人说，每个人的人生都会遭遇波折与磨难，但是，每个人也都有赖以自度的法门，有人是旅行，有人是音乐，还有人是写作……

听了这句话，沉寂多年的文字梦忽然在我的心中醒来，蓬勃生长。

此后的每个早晨，我都闻鸡起舞；每个晚上，我都坐在电脑前敲出几千字的文章。渐渐地，我的生命在一行行文字间重新绽放。

闺密从远方来看我。我一边编辑文字，一边和她聊天，直到深夜。她说：“看到你这样，我放心了。”

我在文字里重整自己的山河，写着写着，世界豁然开朗。

我在文字里逆风而舞，将盛开与凋落、星移和斗转都看作人生经历，都视为午后的一窗云淡风轻。

终于活出了一种姿态：没有时间和年龄的概念，与光阴化干戈为玉帛，把光阴的馈赠做成一朵花别在衣襟上，淡定从容。

我的公众号后台总有读者留言说，看到我的文字，仿佛看到另一个自己，看到胼手胝足、屡败屡战，但是绝不服输的自己，看到伤痕累累，但依旧不肯低头认命、披荆斩棘一路向前的自己。

即使我们之间隔着千山万水，隔着四季轮转，你也会在看到某句话、某篇文章的时候，发自内心地说："哦，原来你也经历过，我并不孤单。"

所有的坚强，不过是柔软磨出了茧；所有的盔甲，不过是伤疤结了痂。而这些，都是我们行走在世界上的底气。

这是我的第一本书，也是我梦想的序幕，它正在拉开；而我，将在这个舞台上奋力起舞。

相信历经了岁月淬炼，我们终将冲破来自原生家庭、来自地域、来自他人或者自己内心的种种束缚，成为人生舞台上的灵魂舞者、自己命运的摆渡人。

谢谢你，打开这本书。

苏眉细细

2023 年 2 月

如果你不想让自己在年老的时候
后悔当初“我本可以……”，
就请从今天开始努力。
想想五年后、十年后自己想要的生活，
这就是我们努力的理由。

不必苛求完美，
真正能彰显人生品质的
是一个人的生活态度和修养。
当一个人不过分追求完美时，
一切都变得完美起来了。

我们无法选择出身和环境，
但是，
以怎样的姿态生活，
却可以自己说了算。
热气腾腾地活着，
才能迎来人生的花开蝶舞。

CHÂTEAU BLEU
BRUT·ROSÉ

目录

人生是一个不断失去，
又不断得到的过程，
就像朝露蒸发又凝现。
在这个得失反复的过程中，
我们也一步步走向成熟。
这种成熟，是经过审视的智慧与圆融，
我们活得越来越通透纯粹。

回·家
PRIVATE HOME CUISINE

一个人奋斗的最大意义，
也许就是让自己
和自己所爱的人，
活得更有尊严和底气。

每个人的生活中都有一些不得已，
有时不得不学会妥协和让步。
但日子不能将就，
把简单的生活过得有滋有味，
是我们对抗生活、温暖岁月的最好方式。

Part One

那些默默努力的人，都活成了一束光

人生是场马拉松，途中会有无数沟坎和障碍。

最终胜出的，不一定是占得先机的人。

输在起跑线上的平凡人，

只要不抱怨，不放弃，

努力过好当下的每一天，

最终一定会“逆天改命”。

我们无法选择出身，

但是可以好好书写自己的人生。

别把生活想得太重，别把自己看得太轻

罗振宇在他的语音专栏“每天 60 秒”里提到过作家贾行家写的一个故事：

在城市的街角，有一个非常小的铺子，之前在这里做生意的人都失败了。

有一天，来了一对小夫妻在这里卖馒头。他们把一张红纸贴在门口，写了店名。他们开店的工具就是一个电蒸锅，一天也蒸不出几屉馒头。邻居都替他们发愁，这日子可咋过呢？

谁知，过了几个月，买馒头的人越来越多，红纸上又添了几个字，还卖花卷、糖三角和发糕了。

又过了几个月，又添了煮黏苞米、自制大酱、咸鸭蛋和咸菜。

又过了几个月，小伙子叮叮当当敲了一辆推车，要推出去在大街上卖了。

贾行家总结道，这家人“就像雨后抖动的一株草”。

这株草虽然柔弱，但是有一种令人感动的生命力，在平凡的生活中，活成了自己的英雄，成为打败苦难的王者。

这对普通的小夫妻，通过一天天踏实地努力，生活越来越好。也有一些人，他们像小夫妻一样，最初拿了一手差牌，却没有小夫妻身上那种“草”一样的生命力，而是早早放弃了自己。

我的堂弟小强，初中毕业就四处打工，做过快递员、装修工、汽车修理工，不是嫌工作累，就是嫌赚钱少。

有一天，他偶遇自己的初中同学。那位同学已经是研究生毕业，进了一家国企当会计。小强顿感无比失落，开始埋怨父母当初不劝自己继续读书，埋怨父母没有本事……如今，他30多岁了，打工的钱仍养活不了自己，只好回家“啃老”，天天流连于网吧，彻底自暴自弃。

太平年代，很少有人生绝境。社会的每个角落，看得到自暴自弃，也看得到向光而行的生命力。而生活，永远不会亏待用心经营它的人。

简单的道理，却不是每个人都懂。

有一次，我去朋友的公司办事，看到一位女孩子在办公室哭得梨花带雨。

原来，朋友的公司前阵子招聘了两个新人，现在只能留一个，被淘汰的女孩子来问为什么。

为什么呢？

朋友说，这两个女孩子，刚来的时候，感觉资质差不多，但是，半年过后，却分出了高下，A 女孩得心应手，B 女孩得过且过。

她举了两个事例。

第一件事情是：

公司有两位女员工同时休产假，因此 A、B 女孩的工作量比较大，经常一个人得干两个人的活，还要加班。

A 女孩虽然业务不熟练，但是努力做好每件事，除了干本职工作，还经常帮助其他同事跑腿、订餐。B 女孩做起事情很仔细，不出差错，但是效率特别低。

B 女孩甚至对 A 女孩说："你别那么傻。干得再多，功劳也是别人的，我们对得起这点薪水就行了。"

朋友接着说了第二件事情：

两个女孩合住在朋友闲置的两室一厅的房子里。朋友有天晚上去那里拿点东西，发现 A 女孩的房间干净整洁，有一股淡淡的薰衣草香味，窗台上摆着几盆小小的多肉，还有一株绿萝，B 女孩的床上却堆满了衣物和化妆品，感觉都没坐的地方。

朋友对我说，平时 B 女孩比 A 女孩打扮得更加光鲜靓丽，没想到私下里这么邋遢。

时光不会辜负一个平静努力的人。一个对生活敷衍潦草的人，不会

有太大的出息。认真、努力生活的人，才会充满希望且有无限的可能。

几年前我去北京，受亲戚所托，给她北漂的女儿带了些东西。

我找到女孩居住的地下室时，已经到了傍晚，她正准备吃晚饭：一碗方便面，上面放着一个煎蛋，还飘着几片油菜叶。这碗冒着香气的泡面，为昏暗逼仄的地下室增添了浓浓的生活气息。

女孩笑着对我说："生活已经很苦，就更不能亏待自己了。"

地下室里唯一值钱的是一个苹果笔记本电脑，那是她的"兵器"，她经常用电脑写稿子。

我看她很瘦，脸色也不好，劝她多注意身体。她笑着说："没事儿，我想趁年轻努力几年，买套小房子。"

前几天，我在街上遇见了女孩和她妈妈。妈妈说起女儿一脸自豪。她说，女儿早从杂志社辞职了，进入了一家自媒体公司，凭着良好的文字功底和两天一篇稿子的勤奋努力，收入越来越高，去年，她贷款买了一套 40 平方米的小房子，虽然小，但是装修得特别温馨。

女孩听母亲说完，笑着解释道："我妈就这样，好像我成了董明珠似的，见谁都夸我。其实，我就是一个普通人，一辈子也成不了董明珠。"

在平凡的生活中，一天天脚踏实地地努力，慢慢地积累，也许最终

不会惊天动地、轰轰烈烈，但却有一种润物细无声的力量，让自己拥有更好的未来。

这些年，我们被所谓的成功学激励着，眼光望向各行各业的名人大咖，羡慕他们的生活，渴望复制他们的成功经历。

其实，这个世界上，不是你努力就可以成功。在成长、环境、机遇等诸多因素的影响下，即使所有的人都很努力，最终走到金字塔顶端的人也寥寥无几。大多数人，一生努力，一生默默无闻。但是，这不是我们停止脚步的理由。

生活没有我们想的那么轻松，也没有我们以为的那么沉重。只要努力过好当下的每一天，不放过每一个细小的机会，那么，你吃过的苦，最终会成为通向美好未来的路。

即使输在起点，也可以赢在拐点

有一次，我参加一个两代人的聚餐，席间恰好有两个同龄的男孩，一个刚刚考取了研究生，另一个则落了榜。

两个男孩有说有笑很开心，落榜男孩的妈妈却忧心忡忡，叹了一口气悄悄对我说："他俩以后的人生起点就不一样了，我的孩子输在了起跑线上。"

对这位妈妈的话，我不敢苟同。

在我看来，人生是场马拉松，途中会有无数沟坎和障碍，最终胜出的，不一定是占得先机的人，而是逢山开路、遇水搭桥、一路咬牙坚持、懂得把握拐点的人。

因为输了起点，还有拐点。

我认识一位摄影师，他的摄影作品经常刊登在著名的摄影杂志上，还拥有自己的摄影工作室，想要找他拍照，得提前两周预约。

其实，大学时他的专业是计算机。毕业后，他考研失败，应聘到一家网站做编辑。

每天，他都要穿过大半个城市去上班，通勤时间达三个多小时。更令人沮丧的是，这份工作与他的专业不对口，薪水也不高，付了房租、生活费后所剩无几。

因为工作原因，他认识了几位摄影师，得知他们收入不菲，他心动不已，也想通过摄影改变生活。

他拿出全部积蓄买了单反相机，每天忙完工作，就去各个摄影论坛取经，学习各种摄影技术。每个周末他都拿着相机外出拍照，模仿论坛里高手们的拍摄思路，不断实践。他还购买了一系列摄影技术教学的视频课程，每天在上下班的地铁上坚持听课一两个小时。半年后，100 多节课程学完了，他的摄影技术也提高了一个层次。

业余时间，他应聘到一个摄影工作室做助理，认真学习和揣摩摄影师的打光和硬照拍摄技术，渐渐地，他能帮人拍摄简单的人物照片了，也有了一些额外收入。

几年后，他的照片拍得越来越好，开始拿奖。在业内小有名气后，他成功跳槽到一家摄影网站，薪水翻了几倍。

去年，他 36 岁，在北京开了自己的工作室，和妻子一起打理，有 5 名员工。

从小镇青年到城市中产，他用了十几年时间，实现了弯道超车、逆风翻盘。

人生是场马拉松，每个阶段都会有超越自我的拐点，只要抓住其中一个，我们就能实现提速，抵达成功。

一时的困顿失意不算什么，耐心做好自己，积蓄足够的力量，在命运的转折来临时，才能破茧成蝶。

人没办法选择出身，除了极少数的人天生就拿到一副好牌，大多数人出生在普通人家，容貌一般，资质平平，甚至可能很差。面对这一切，你或许会怀疑成功的可能性，但绝不能早早就向命运低头。

我们每个人都无法选择自己的出身，但是可以选择如何度过自己这一生。

命是父母给的，运要靠自己去挣。

刚参加工作的时候，我租住在单位附近的一个院子里，我住两间，另外一家四口住三间。这家人有两个女儿，大女儿读初二，妹妹上小学五年级。

夫妻俩都只有小学文化，男的在外打工，女的在家照顾孩子，也接一些手工活做，日子并不富裕。

住得久了，两个女孩经常来找我辅导功课。比较起来，大女儿不如妹妹聪明伶俐，有时候一道题要反复讲好几遍她才明白，妹妹则一点就通。

但是姐姐很踏实，也有自己的理想和目标，妹妹则有点怕吃苦，写作业经常“偷工减料”，还常借口身体不舒服不去上学。

一年后，单位分了宿舍，我搬了出来，但是一直和这家人保持着联系。

后来，得知大女儿考上了大学，又保送了研究生，毕业后，去了深圳一家证券公司工作。小女儿则没读完高中，辍学后一直辗转各处打工，平均半年换一份工作。

大女儿结婚的时候，我去参加婚礼，见到了姐妹俩——同一个家庭走出来的两个人，人生已经不在同一赛道上了。

这些年，我见过太多吃不起学习的苦，放弃努力的人；也见过一些没机会读书，却抓住生活的拐点，逆风翻盘的人。

相声演员岳云鹏十几岁时因家贫交不起68元钱的学费，被老师和同学们嘲笑，一气之下辍学进京打工。

他的第一份工作是工厂保安，但是因为年纪小，上夜班时忍不住打盹而被扣发了工资，第一个月不仅没领到钱，还欠厂里20块。那种欲哭无泪的心情，多年以后他还记得，并写进了自己的相声。

随后，他一路辗转，做过饭店后厨、酒店保洁，甚至在工地上当过焊工……他没有赚到钱，还经常受欺负，让他印象最深的一件事是他在饭店工作时，因为给客人结账算错了钱而被骂了几个小时，还丢了工作。19 岁，他终于否极泰来，成了郭德纲的徒弟。

但是，和师父的其他弟子相比，他年龄大，基础差，连普通话都说不利索。为了赶上大家，他下了死功夫：别人一天睡 6 个小时，他就睡 4 个小时；别人学戏曲，他课后自动加学评书、散曲……

成名后，他得了腮腺混合瘤。为了舞台形象，他选择了效果好却比较痛苦的手术方案：本来是 40 分钟的小手术，做了 4 个小时。说起这段手术，岳云鹏的眼里涌出了泪花，可想而知当时的痛苦。但他用努力与付出，为自己赢得了一条艰苦却充满希望的人生之路。

任何形式的成功，都经历了艰苦卓绝的过程。出身不好不应是不努力的借口，而应是成功的动力。

你有多努力，世界就有多公平。

年龄渐长，我们越来越清楚，这个世界上没有绝对的公平：有人一生的梦想就是去罗马，有人一出生就在罗马；也有人一出生就与贫穷为伴，有人一出生便锦衣玉食；有人一辈子没摸过钢琴，也有人出生在钢琴世家；有人奋斗多年就为了去咖啡馆喝杯咖啡，而有人却早已喝腻了咖啡……

在我的家乡流传着一个真实的故事：

有一个男孩出生后就被遗弃，养父母家里没有儿子，就收养了他。男孩聪明，刚开始读书时几乎每次考试都是第一名。但是，因为养母身体不好，他经常帮家里做农活，缺少学习时间，初中以后，成绩慢慢滑到了中游。

他中考成绩一般，念了一所普通高中。那一年，养父生病住院，花了很多钱，他连学费都是借的。高中三年，他一边照顾生病的养父母，一边发奋读书。大学毕业后，他考取了公务员，留在北京工作，用实力改变了自己的命运。

后来，他成了领导，关注民政帮扶政策，给许多贫困家庭解决了困难。

正如俞敏洪所说："你不努力，永远不会有人对你公平。只有你努力了，有了资源，有了话语权以后，你才可能为自己争取公平的机会。"你抱怨愤懑都没用，只能通过努力去改变种种不平衡。

你只有不认命，才能用持续不断的努力迎来好命。

我们奋斗的目的是成功，但现实是，很多人拼尽了全力，却终其一生也实现不了自己的梦想，达不到世俗意义上的成功，这是人生的常态。

其实，成功有很多种，要看衡量标准是什么。陶渊明辞官不做，隐居到南山下，修篱种菊，成就了千古风流；苏东坡一生仕途坎坷，却在不断的流放中，成了诗词书画大家；也有很多普通人，为了照顾父母，离开北上广繁华都市，回到家乡小城生活……

只要在一生中，通过不断努力和日复一日的正向生长，让自己和家人的生活一点点变好，即使最后不能成功，命运也已经悄悄赐给你一种光芒，让你能够在深渊里仰望星空，在人群中闪闪发亮。这是另一种意义上的成功。

那些默默努力的人，都活成了一束光

上个月，我所在的一个自媒体作者群里，有位文友的新书出版了，大家纷纷祝贺。好多人向这位文友讨教经验。她说，其实没什么，坚持写，写得多了，就有希望了。

这位文友是职场女性，左手工作，右手写作，那些好文章都是挤出时间来写的。

她曾和我说过，她每天早晨 5 点就起床写作，雷打不动写 2 个小时，晚上只要不加班，也会写几个小时。因为要长时间盯着电脑屏幕，她的眼睛经常干涩刺痛，视力也有所下降；久坐不动，也使她的腰经常酸痛。

写作初期，她遭到了老公和家人反对，单位里也有同事讥讽她“白日做梦”，但她还是坚持在做好工作和家务之余，沉浸在文字的天地里，慢慢写出了成绩。

另一位文友羡慕之余，开始抱怨，从单位的加班加点，到孩子的不听话、老公的不体谅，甚至周围人的冷嘲热讽，都成了妨碍她写作的可恨之处。

在生活中，我们经常遇到和上述两位文友相似的人。

一种人，偶尔发奋，经常懒惰，但总能找出各种理由来抱怨，不是原生家庭环境差，就是老板偏心眼瞎，再不就是孩子不听话。和他交流之后，你会觉得胸口发闷，有一种向下的力量拖拽着你坠入黑暗，让你好几天都缓不过神来。

另一种人，始终朝着自己的目标默默前行，你只要靠近他，就能感受到一股温暖向上的力量，仿佛一束光，引领你穿越低谷和黑暗，看到希望。

放眼周围有所成就的人，没有哪一个的成功是抱怨来的，都是一步一个脚印走出来的。爱抱怨的人，永远过不好这一生。

作家刘同说过："抱怨身处黑暗，不如提灯前行。"

愿你在自己所在的地方，成为一束光，照亮世界的这一角。

瑜伽课上，我认识了一位女子，她身材颀长，气质优雅，从内到外散发着一种明亮但不刺眼的光芒，所到之处，周围的人都会感受到一种温暖美好的力量。

我被她吸引，渐渐和她成了无话不谈的朋友，知道了她的故事。

她的父母都是工人，家里还有一个弟弟。她 12 岁那一年，父亲雨后到屋顶维修漏雨的缝隙时不小心摔了下来，断了一只胳膊，由此失去了工作。

为了减轻一家人的生活负担，她主动辍学，去深圳打工。每天在流水线上工作长达 16 个小时，发了工资，她只留 200 块钱，其余的都寄回家。

后来，她当了组长，用心学习各个环节的技术和管理，开始研究电子厂的生产和发展前景。

七年后，她回到老家，和别人合伙办起了电子厂。

赚得了第一桶金，她又抓住了房地产行业的风口，成了当地最成功又最低调的企业家。

现在，她已经是两家企业的董事长了。

当初办厂的时候，她被地痞流氓敲诈，被客户拖欠货款，被合伙人欺骗……每一件事都惊心动魄，足以让一个不到 30 岁的女子如临深渊，止步不前。但她却一件件扛了下来，如今说起来，像是在说别人的故事，云淡风轻。

最令我佩服的，是她在事业之外婚姻幸福，一双儿女也很优秀。

一般来说，女性要做出一番事业，往往面临无法兼顾家庭的困扰。

我问她是怎么平衡这两头的？她说，其实家庭和事业根本不可能做到两全，关键要在每个阶段努力解决好比较重要的问题，更多时候，是靠工作积攒起来的底气和实力弥补家庭的缺憾。

例如，孩子小的时候，她坚持晚上自己带孩子，有时候出差也带着；孩子上了小学，她请了专门的家教；她平时比较忙，就每年给公婆和自己的父母安排两次旅行，开销都由她来出。

当你拼尽全力活成一束光，不仅照亮了自己的人生，还温暖了周围的一切。

当一个人活成了一束光，自然有穿越黑暗、驱散阴霾的力量。

我和闺密栀子一起参加饭局，偶遇她的一位前同事。

席间，那位女同事对栀子极尽夸奖，回忆起在一起共事时栀子的种种优秀表现，说自己早就知道栀子不是一般人，肯定不会屈居小城，随后又反复表白自己当初对栀子的各种关怀提携，态度亲昵地拉着栀子的手说，希望栀子以后多多关照……

原来，栀子离开小城后，成了那位女同事的上级。女同事说得眉飞色舞，栀子只是淡淡地笑着，并不接茬。

酒席散后，那位女同事还追出来，直到把栀子送到车前才离开。上车后，栀子说："别看她表面好话说尽，一转身，不知道又和谁八卦、造谣生事去了。"

一开始，栀子也曾和她关系不错，拿她当大姐，什么话都和她说。没想到，女同事却利用栀子的单纯和信任，在栀子的事业顺利起步时，在背后无数次恶意中伤。栀子屡遭不顺后，有好心的同事看不过去从旁点破，她才知道插到自己身上的刀从何而来。

后来，栀子发奋学习，离开了原单位，成了那位同事的上级。如今，历经世事磨炼的栀子变得世事洞明，不会再受他人哄骗了。

最关键的是，栀子通过自己的勤奋努力，变得更强大，让自己活成了一束光，不但躲得开明枪暗箭，对待曾经伤害自己的人，也有了笑看落花的淡定从容。

知乎上有一个问答：人要怎样才能活成一束光？有一个超赞的回答是：一直努力！

震撼世界的港珠澳大桥通车时，工程师林鸣上了百度热搜。

林鸣和他的团队历时八年，从零经验起步，创造了一个又一个"第一"，实现了中国建设从"跟跑"到"领跑"的蜕变。在这个过程中，对每颗螺丝钉都要求零失误，个中艰辛，常人无法想象。

有记者问他成功秘诀。他回答："人生只有一个标准，只有一种态度，那就是不断奔跑，把每件事做好。"

令人钦佩的是，林鸣还每天坚持从工程部营地跑步到淇澳岛，来回十多公里。一个年逾六十的人，每天工作那么忙，肩上的担子那么重，怎么还能坚持天天跑步？对此，他说："如果跑步都不能坚持下来，那为国家建设世界级的工程项目还能坚持下来吗？"

人生只有一次，要过怎样的生活，取决于自己的努力和坚持。成功并不复杂，很多时候，多坚持一会儿，就多一分希望，多一个机会。当你战胜了困难，活成一束光，生命的意义也在延伸。

就像复旦教授陈果所说："这个世界上，当你活成一束光的话，谁要接近你，谁就是接近了光明，那也是对他者的负责和对他者的造福。"

愿每个人都活成一束光，温暖自己，照亮他人。

你凭什么把生活过成自己喜欢的样子？

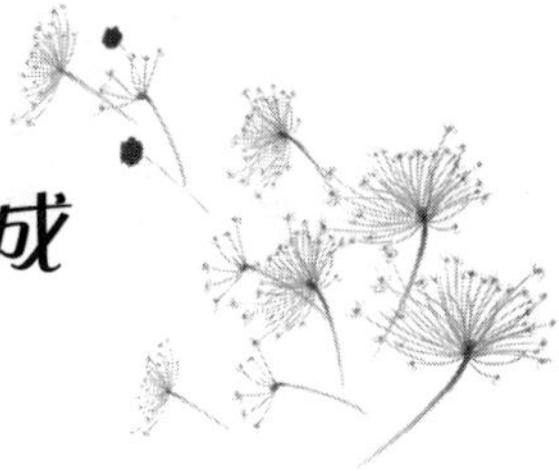

有一天刷手机时，看到一位宝妈发的朋友圈：早起跑步第 97 天，体重 56 公斤。配图是体重秤上的数字，和一张带着汗水的自拍照。

这位宝妈去年生了女儿后，体重一度暴涨到了 75 公斤。

产后三个月，她就开始有计划地减肥，除了每天早起在跑步机上跑步，还在饮食上下功夫。

见过太多轰轰烈烈宣告减肥，最后却悄无声息的人，所以，对她当初的“宣言”，我也没放在心上。没想到，一天天过去，她真的瘦下来了。云淡风轻的背后，是无人知晓的咬牙坚持。

对于这样的人来说，开头和结尾都是自己写的。他们有野心，也会为了实现自己的野心而努力打拼，直到成功。

生活中，很多人都有过给自己打鸡血的经历。然而，从下决心到放弃，往往只有很短的时间。

喊着要早睡，决心不碰手机，却还是忍不住刷手机到凌晨；想着要减肥，可是坚持了几天，就找各种理由放弃；下决心要读书，可坚持读了不到半小时，就昏昏睡去……如此反反复复，最后彻底对懒散的自己妥协，不再振作一下。

渴望过上自己想要的生活，却不愿为之付出努力和汗水。你可以放过你自己，但生活不会那么仁慈。只有持续努力的人，才能抵达心中的诗与远方。

正如英国作家塞缪尔·约翰逊所说："成大事不在于力量的大小，而在于能坚持多久。"

唯有步履不停，才能抵达自己想要的美好。

成功的人，都明白能力比美貌更高级。

不可否认，一个人长得好看，会得到更多的机会和助力。有时候，颜值也是一种实力。

但美貌是最容易消逝的"易碎品"，再漂亮的人，也会有老去的那一天。从林青霞到张曼玉，谁也逃不过岁月的侵蚀。

美貌是消耗品，会随着年龄增长而越来越贬值，只有融入骨子里的气质与才华，才是不断升值的“奢侈品”。

古今中外，那些活得漂亮的人，无不是美貌与智慧兼备。

上官婉儿是皇帝的“昭容”，但让她青史留名的是作为大唐“女宰相”的才干；可可·香奈儿容貌娇俏，但让她蜚声世界的是香奈儿这个百年时尚品牌；林徽因是民国四大美女之一，但人们真正敬慕的是她的文学才华与建筑成就……

你可以珍爱你的美丽，但千万不要以为凭借美貌可以轻松获得想要的一切，因为当动人的外貌随着年龄的增长衰减，而你却没有立足能力的时候，你会发现，自己只能接受被生活抛弃的命运。

长得漂亮是优势，但往往只能受益一时；活得漂亮才是本事，会影响你一世。作为一个女生、一个漂亮女生，应该怎样获得自己想要的生活？

答案是：有能力掌握自己的生活，承担自己的选择，并在这条道路上，不攀附，不依附，大胆勇敢地遵从自己内心的呼唤，活成最本真的自己。

没错，这样的女人不必担心年龄增长，她们凭借自己的气质、知识、品位、眼界、心胸，自然就成为人堆里最耀眼的那一个。

一个人要想过好日子，就得学会对自己好，而在对自己好之前，先对自己狠。

我的表妹小婵大学毕业五年，已经换了三份工作。她的第一份工作在老家，月薪 3000 元。这份工作倒是轻松，但是表妹觉得工资太少，不够自己买化妆品的，于是果断辞职。

每次见面，都能看到她的梳妆台上堆满了国际大牌化妆品。我告诉她，青春本来就是美啊，不需要过度养护。她笑着说："女孩子嘛，就要对自己好一点啊！"

她的第二份工作是在一家私企，薪水比较高，但是需要"996"，甚至节假日还要加班。一年后，表妹在家人的反对声中辞了职。她说，看着自己熬黄的脸，觉得快嫁不出去了。

辞职后，她去了北京打工。

前阵子微信聊天时，她吞吞吐吐地向我借钱。一问之下，才知道她嫌室友烦扰，自己租住了一套小公寓。我说那你的工资也足够啊。她发了个可怜的表情，说刚买了新手机……

我告诉她，一个人想过好日子没错，但前提是你得有过好日子的能力。那些过得好的人，都对自己狠过。

章子怡在拍摄电影《一代宗师》时，因为艰苦的武术训练而多次受伤，用她自己的话来说就是练掉了半条命；女作家严歌苓为了去美国哥伦比亚艺术学院学习写作，从认不全 26 个英文字母开始，凭借《新概念英语》和一本英语字典，苦战 17 个月，通过了托福考试；郭晶晶 7 岁就开始艰苦的跳水训练，拿过 27 个世界冠军，因为长期训练，双目险些失明……

那些大家眼中的成功人士都是一路艰辛走过来的。吃小苦，拥有小成就；吃大苦，拥有大成就。

努力终有回报，你只负责努力，上天自有安排。

不管是功成名就的名人，还是普通老百姓，在过上好日子之前，都对自己狠过。

我认识的一个女孩子从小就有一个警察梦，可惜，高考的时候，体能不过关，与警校擦肩而过。

女孩子毕业后就结了婚。一个偶然的机会，她遇到当警察的同学，得知几个月后有招录机会，她的梦想再次被点燃。

可是，她遭到了全家人反对。因为那时候，她怀孕四个多月了，家里担心她受苦，也担心影响孩子。

她排除万难说服一家人后开始备考。孩子出生前，她参加了考试，并顺利进入了复试。但是做警察对体能要求比较高，而她产后胖了二十多斤。为了减掉这二十多斤，把体能练好，宝宝不到两个月，她就开始健身减肥。接着，她提前给孩子断了奶，每天去公园跑步，晚餐只吃水果……

那一年，她终于成了一名女警官。

很多时候，梦想不分大小，只要你肯努力，就可以把生活过成想要的样子。

那些过得精彩无比的人，其实并不比你优秀多少，只是他们有自己的想法与追求，并且有勇气去承担和坚持。

每个人的生活，都是自己选择的结果

自从半年前搬入新居，我经常会在打扫卫生时心生愤懑。

其实，新房子很大，南北通透，有落地大窗，阳光充足。我也不是生气先生不做家务——我早已听从情感专家的引导，把每次家务都当作瑜伽课，在做家务时尽量舒展四肢，一举两得。

让我别扭的是新房的中式装修和欧式家具不搭调。

当初装修的时候，先生将大权下放，从确定装修风格，到跑市场选材料、现场监工等一切“权力”全归了我。我披星戴月一个多月后，大功告成。

站在落地窗前，望着对面公园里的曲径通幽、湖畔荷花，我心想，家里再摆上简约款的中式家具，就是神仙生活了。于是，我和先生商量买中式家具。不料，先生早就看中了雕花繁复的欧式家具。

“可是，装修是中式风格啊，这样跨越中西是不是不搭调啊……”我吧啦吧啦说了半天。

先生幽幽来了一句：“装修什么的都听你的了，一个家具还不能让我说了算吗？”

我一下子噎住了，觉得他说的好像有点道理。

于是，家里成了中西混搭风格。

装修完后，看着有点别扭。我劝自己：也许看习惯了就好，家庭和睦最重要，忍了！但是，很快我就发现了新问题：欧式家具繁复的雕花和各种弧度，让我每天的清扫难度大大增加。大扫除时，我得用刷子一点点刷干净那些花瓣浮雕和镂空部位。

这几个月，我时常郁闷不已，无数次想把家具换掉，但是摸摸干瘪的钱包，只能默默忍了。我望着满屋的混搭，开始自责：当初为什么不据理力争？为什么不坚持？然后恨恨地想，都怪他……

就在我觉得自己快抑郁了的时候，某天，我看到电视剧里一个男人对女人说：“你今天的生活，都是自己选择的结果，不能怪别人……”

那一刻，醍醐灌顶。是我自己不够坚定选择了妥协，造成了今天的懊悔不已，我必须为当初这个选择承担后果。还好，只是一套家具，等我哪天实在忍受不了，可以全部换掉。但是，生活中总有一些事情，我们做出了选择，就无法反悔。

人的一生，其实就是一个个选择的过程：读书的时候选择刻苦，工作的时候选择努力，结婚的时候选择爱情，有了孩子选择教育和陪伴……这样的人生，一般不会太差，不必悔不当初。

也许有人会说，还有原生家庭的影响啊。但是，原生家庭真的会决定一个人的命运吗？

最近看了一个英国的纪录片：《富哥哥，穷弟弟》。伊凡和大卫是一母同胞的亲兄弟，伊凡比大卫年长一岁，他们的父亲是警察，妈妈是银行小职员，一个普普通通的家庭。

他们从小一起长大，可成年后，兄弟俩却过上了天差地别的生活：哥哥伊凡成了拥有几套别墅的金融界精英，出入上流社会，偶尔参加慈善晚宴，工作是在全世界飞来飞去；而弟弟大卫却成了没有房子、没有家庭、孤身漂泊的流浪汉。

命运的差距是怎样拉开的呢？纪录片里可以看到：

伊凡 21 岁离家创业，做小生意赚到了人生的第一桶金时，大卫没考上大学，到修理厂做了一段时间学徒，但没能坚持下来。

伊凡起早贪黑打零工，拖着疲惫的身躯回到家时，经常会发现大卫整天没做任何事。

看到哥哥伊凡的事业越做越红火，弟弟也想发财，但无论做什么，都是三分钟热度，于是自暴自弃。

25 年后，哥哥伊凡想不通弟弟为何不能找一份稳定工作，告别漂泊的生活；而弟弟大卫对哥哥的致富之道深恶痛绝，经常讽刺哥哥是“虚伪的资本家”。

整个纪录片看下来，好像没有哪一件事足以成为兄弟俩命运的分水岭，不过是一次次看起来不起眼的选择，让两个人越走越远，最终成为最熟悉的陌生人。

原生家庭很重要吗？很重要，但是，自己的选择更重要。

选择自律、努力与选择自在、懒散，一年两年也许看不出什么差别，但是，时间是公平的，它会在适当的时候给出结果。

有一句话说得好：20 多岁不努力，30 多岁的你只是成为一个老了 10 岁的穷人，再过几年，就会成为一个又老又穷的人。

吴军老师在专栏《硅谷来信》中谈到命运时，讲了三个朋友的故事：他们都是清华大学毕业，毕业后都进了高校当老师。

朋友 A 在大学工作的时候，受到了各种排挤。恰逢某部委招人，A 便报名参加考试，离开学校当公务员去了，后来发展得很不错。

朋友B还留在学校里，混得很一般，虽然经常抱怨、不满，但人到中年，没勇气改变。

朋友 C 在学校分房的时候，感觉受到了不公平对待。他愤懑之后，冷静下来，选择了出国留学，现在成了非常著名的学者。

他们是同一所校园里出来的同学，又都成了大学老师，最终，命运却各不相同。区别就在于看问题的方法和做事的方法。有着不同的认知，做出不同的选择，从而有了不一样的人生……

女作家王潇说过："生活是一场电影，这场电影里其实有两个编剧：你和命运！我也不知道命运是什么，命运写了什么，我知道的是，我们俩一起写作。它经常出其不意，尤其是在特别糟糕的时候。"

是的，人在做选择和决定时，一定要努力排除情绪的干扰，进与退、去与留、爱与不爱，都要慎重抉择。一旦认定最佳方案，就努力去践行，然后，勇于为自己的选择埋单。

生活、职场如此，情感也不例外。

我认识一位漂亮能干的大姐，老公去世后，她嫁给了一个小她 7 岁的男人。那人除了嘴巴甜、皮相好，什么忙也帮不上。在她胼手胝足打江山的时候，那人整日无所事事，呼朋引伴，花钱如流水。

我们替她担心，她却笑着说："他养眼又听话，这就够了啊。钱我可以赚，总不能样样都让我占了啊。"

的确，生活如人饮水，冷暖自知，你之砒霜，她之蜜糖。

大多数人的生活，都是自己选择的结果，而一个个选择，构成了自己整个的人生。很多时候，选择没有对错，关键是，明白自己的选择可能带来的结果，并有能力、有勇气为自己的选择承担后果，而不是在坏结果来临时，逃避、抱怨、走极端。

人生的每一步都很关键，选择请慎重。而一旦选择了，就会有利弊得失。利弊要一并承担，还要做到落子不悔。

成功不只砥砺前行，还要懂得变通

十九世纪中叶，美国加利福尼亚州发现了金矿。

消息传开后，很多人觉得这是一个千载难逢的发财机会，纷纷奔赴加州。17岁的男孩亚默尔也跟随淘金的人们，历尽千辛万苦，赶到了加州。然而，由于淘金者大量涌入，金子越来越难淘。

不仅如此，因为当地气候干燥，水源奇缺，许多不幸的淘金者不但没有发现黄金，反而被饥渴折磨得半死。

听着周围人对缺水的抱怨，亚默尔灵机一动，淘金的希望太渺茫了，还不如卖水呢。

但他的选择引发了很多人的不解与嘲笑。

尽管大家都劝他不要放弃，亚默尔依然不为所动，将手中挖金矿的工具变成挖水渠的工具，从远方将河水引入水池，用细纱过滤，成为清凉可口的饮用水，然后将水装进桶里，挑到山谷一壶一壶地卖给找金矿的人。后来，当很多淘金者发财梦断时，亚默尔却已经成了一个小富翁。

很多时候，不是一味坚持就能成功，另辟蹊径，才能拥有更多机会。

古时田忌和齐威王赛马，没有硬碰硬，而是避其锋芒，最终以弱胜强；俞敏洪从教培转型直播带货，盘活了新东方……在不断变化的情境中，有时我们需要的不是朝着目标执着努力，而是在随机应变中寻找新的出路。懂得变通地生活，才更加顺畅易行。

一个人既要有一往无前的勇猛，也要懂得审时度势的变通，这样才更容易成功。

生活中，有才华和梦想的年轻人很多，成功的也不少。但人们往往只看到成功者的光鲜，很少关注其本质。其实几乎每个成功人士，都经历和承受住了不为人知的磨砺和考验。

梦想的实现概率，和一个人的承压能力是成正比的。新东方的创始人俞敏洪在北大读书的时候，是全班唯一一个农村来的孩子，因为不会说普通话而被嘲笑，因为英语成绩烂而被分到 C 班（语音语调和听力障碍班）。

期间他还因病休学一年，但是通过后期努力，他毕业后得以留校任教。后来因为在校外兼职受处分，在接近而立之年的时候，俞敏洪辞职离开了北大。但他并没有就此沉沦，而是默默寻找新的起点。

“北大踹了我一脚，当时我充满了怨恨，现在却充满了感激。”俞敏洪离开北大后，没有自暴自弃，而是走出了一条属于自己的路。

在商业化的逐利时代，理想和情怀经常被踩到尘埃里，如果不能改变环境，就先改变自己。生活对于初出茅庐的年轻人的确有点残酷，要么安稳守成过一辈子，岁月静好，要么就勇敢承受奋斗带来的坎坷与磨炼。

有时候，成功的乐趣就在于苦尽甘来。忍得住寂寞，经得起磨难，才能开出绚丽的生命之花。

就像俞敏洪在北大演讲时所说：“正是在美好和痛苦中间，在挫折、挣扎和进步中间，最后找到了自我，开始能为自己、为家庭、为社会做一点事情。”

前几天，我去省里一家公司办事，遇到了大学同学大林。原来，他是这家公司的法律顾问，这次是来处理事情的。跟他同来的，还有一位助理。助理告诉我，大林已经是我们省排名前三的律所的合伙人、知名律师。

看着大林举手投足间透露出的从容大气，我特别感慨。

算起来，他已经辞职了十七年。当年，他是大学毕业后，遵照父母的要求回家乡工作的。他踏实肯干、阳光开朗，大家都很喜欢他。

但是，他却越来越不开心，越来越沉默。因为回老家进体制内单位工作是父母的建议，他内心是想去大城市打拼的。

几年后，他决定辞职。记得当时我们大家还都替他惋惜，担心他以后会后悔。

后来，他渐渐消失在大家的视野中，只隐约得知他考了司法证，入职了省会城市的一家律所。如今，这么多年过去了，他的人生已经风生水起。

人生如果走错了方向，需要及时转弯。如果害怕面对沉没成本，固执地一条路走到黑，就会陷入更深的错误。

为了抵达梦想，我们需要砥砺前行的毅力，但是，也需要及时转弯的勇气。

我们羡慕那些成功的人，但我们不知道，每个成功的人，都是在暗夜独行了很久，走过很多弯路，才走到阳光下，闪闪放光。如果只幻想成功，不通权达变，往往会倒在黎明前的黑暗中。

砥砺前行是能力，通权达变是格局。

二十几年前，有一本很火的书叫《谁动了我的奶酪》，讲了一个非常简单的故事：

有两只小老鼠匆匆和嗅嗅，一直在一个固定的地方享用着美味的奶酪。有一天，忽然所有的奶酪都消失了，其余的老鼠都在愤怒地抱怨，它俩没有跟风，而是迅速穿上鞋子，寻找新的奶酪去了。

在人生这趟旅程上，没有一马平川，人人都会遇到一些坎坷。当挫折和变化来临时，不抱怨，不自暴自弃，而是迅速调整思路，寻找新的“奶酪”和新的机会，这才是正确的成功方式。

我有一个同事，出身是地地道道的寒门。

有一次我们闲聊，他说其实毕业的时候，他已经保送了本校研究生，但是家里条件不好，他还有一个即将参加高考的妹妹，身为普通农民的父母很难供养他继续深造。

于是，他谢绝了导师的再三邀请和研究生毕业后推荐工作的许诺，找了份工作。

他说：“我早点工作，就可以早点赚钱供妹妹读大学，父母也不用那么辛苦了。”他的话平静而坚定，没有丝毫做出牺牲的感觉和任何的不甘。

工作满两年后，他参加了遴选，考到了省直部门，去了省城工作。前几天，他和我说，自己读完了在职研究生，下半年，要去某个县里挂职锻炼了。他还告诉我，妹妹已经大学毕业，考上了研究生。

说起以前放弃读研，他说，当时其实也很纠结痛苦，甚至在夜里独自流泪，可是，想想是为了自己的父母和妹妹，就不再痛苦，最终选择了放弃，最终走出了一条曲中求直的路。

人生漫长，没有一气呵成的成功。尤其是作为没有背景和资源的普通人，先谋生，再谋情怀，很重要。有时候，在爬山的过程中停一停，积蓄力量，也许能更早一些到达山顶。一味不顾一切地攀登，不懂回旋，往往会中途而废。

无论是生活还是工作，都是如此。根据自己的条件和具体情况及时调整思路和方向，是智慧，也更容易寻找到新的人生“奶酪”。

世界总会奖励那些不认命的人

原央视主持人张泉灵曾经在一个行业大会上，做了一个题为《这个时代，为什么我们没有安全感》的演讲，引起了广泛关注，刷屏朋友圈。

为什么没有安全感呢？因为时代抛弃你时，连一声再见都不会和你说。

那么，怎样才能不被时代抛弃呢？

努力，一直努力！有句话说得好：世界总会悄悄奖励那些努力的人。

例如张泉灵，2015 年，42 岁的她从央视辞职时，在大多数人眼里，已经是功成名就，光环加身。但是，她却果断辞职，离开了央视这个令人羡慕的大舞台。

有人劝她，已经四十多岁了，重新开始，怕是来不及了。她说：“只要好奇和勇气还在，什么时候开始都来得及。”

事实证明，她在一条完全不同的道路上，走出了属于自己的精彩。这种敢于放弃、追逐梦想的勇气，令人钦佩。

我和一个朋友说起这件事情时，她笑笑说：“有几个张泉灵啊，她本身是名校北大毕业，而且在央视十多年，早已积累了大量的人脉和资源。现在这个时代，寒门难再出贵子。”接着，她长叹一声，“人比人，得气死人啊！所以，我们得认命。”

真的是这样吗？

我忽然想起了北大毕业的女孩刘媛媛。她是《超级演说家》的冠军，演讲的《寒门贵子》刷爆网络，点击量过亿。她笑着说：“我们家不算寒门，我们家穷得都没有门。”她的父母是普通的农民，却把她和两个哥哥都供到了大学，念了研究生。

刘媛媛的演讲，我看了很多遍。说实话，她的声音有点沙哑，相貌也不出众，只是真情动人，身上有一种努力向好的劲头，令人感动。

她最后拿了冠军，但是，刚开始的时候，导师们并不看好她，甚至有导师直言她进不了决赛。可是，她却凭着一股子不服输的劲头，一路过关斩将，笑到了最后。她的这段话，也鼓舞了无数追梦的人：

命运给你一个比别人低的起点，是想告诉你，让你用一生去奋斗出一个绝地反击的故事。这个故事关于独立、关于梦想、关于勇气、关于坚忍；它不是一个水到渠成的童话，没有一点点人间疾苦。这个故事是：有志者，事竟成，破釜沉舟，百二秦关终属楚；苦心人，天不负，卧薪尝胆，三千越甲可吞吴。

后来，刘媛媛选择自主创业，在北京拥有了自己的公司。用她的话说：“我一直在逆袭。”

你看，人生很多时候就是这样，只要你自己不肯放弃，就没有人能打倒你，无论你身在何处，富贵还是贫穷。

前段时间，有个亲戚让我帮她的孩子找工作。这个孩子初中毕业后开始打工，几年内已经换了十几份工作，每个工作都干不了半年。

根据他的情况，我曾经给他设计过，既然不喜欢读书，就踏踏实实学一门手艺，现在很多蓝领技术工人待遇很好。可孩子不愿意吃苦，家长也觉得自家孩子吃苦心疼，于是，五六年过去，一事无成。

我望着坐在沙发上唉声叹气的孩子，给他讲了一个我身边的例子：那个男孩出身农家，靠自己的努力在三线城市买了房子娶了媳妇。可是，亲戚家的孩子没听完，就不耐烦地说：“现在就是个关系社会，不都是靠关系吗？靠打工什么时候才能出头啊！”

曾看到过一句话：“一个人成功的途径大致有三条：一是继承，二是婚姻，三是自我奋斗。”

我们没有投胎到一个富裕家庭，说明第一条路就走不通了。

结婚也是条捷径，很多女孩子、男孩子凭借婚姻，少奋斗了十年甚至几十年。可是，这样的人，除了美貌，还得有才华和机遇。

剩下的唯一途径，就是个人奋斗了。亲戚家的孩子却说：“我没文化，再怎么努力也只能混在社会底层，没什么出息。”

但是，努力带来的好结果不仅仅属于那些名牌大学毕业的人。每个平凡的人，都可以站在自己的低立足点，努力再努力，让自己活得越来越好，活得有尊严。

作家李筱懿在书中写过她自己用过的一个神一般的保姆。

她只喝自己带的茶，每个礼拜天都要休息，而且对女作家的饮食作息严加管束，甚至女作家要出去参加闺密聚会，也被她拦下，因为保姆有聚会。李筱懿只得换下小礼服，乖乖让保姆休假。

为什么一个保姆有这样的家庭地位呢？因为她除了把孩子照顾得健康活泼，还能给李筱懿做固元膏，传授中医知识、生活小窍门……家里家外，除了英语水平，她是全能的，而且达到了很高的标准。

三百六十行，行行出状元。现在，社会日新月异，何止三百六十行，即使不做状元，努力做得不错，也不会过得太差。

人们往往只看到一个人成功后的光鲜，而不关心他在一路上下了多少苦功，流过多少汗水。尽管从光闪闪的大牛到平凡人，有那么多人的奋斗手册可以参照，为什么还是有那么多人不肯努力呢?

因为，努力很累，放弃很容易。但是，社会最终会用残酷的现实告诉你，你选择容易之路的结局和代价，就是被时代抛弃。

说到底，人生的精彩，在于无论身处哪个阶层，都能保持向前走、不悲观的态度。外力不是人人能借，伯乐不会围着你走，但无可借力不等于无路可走，打铁还得自身硬。

只要肯努力，你就能改变命运，过得越来越好，越来越有底气。十年、二十年过去，你终将过上自己想要的生活。

不认命，你终将在自己的故事里活成勇者

网上有一张照片曾引发广泛关注，照片上是一个胸前兜着婴儿送餐的外卖小哥。

原来，那天外卖小哥的母亲生病，妻子陪母亲外出拿药，他只好带着不到一岁半的女儿送餐。

对此，有位网友评论说：“回想起自己在这座城市打拼的点点滴滴，莫名就被这张照片戳中了泪点。”也有网友为外卖小哥担心道：“带着小孩送外卖，要为孩子的安全着想。”

大多数网友点赞支持：生活不易，每个努力生活的人都值得尊敬。

很多时候，人们关注的是那些成功者，羡慕的是聚光灯下的光鲜靓丽。其实，在这个世界上，成功的毕竟是少数，更多的是努力奋斗一生也默默无闻的普通人。

他们没有含着金汤匙出生，也没有站在时代的风口上，把握住逆袭的机会，而是在生活的压力下辗转腾挪，迎着压力与磨难，与命运抗争，

成为自己故事里的勇者。

在热播剧《都挺好》中，苏明玉就是这样的勇者。

苏明玉从小不被重男轻女的母亲待见：两个哥哥的早餐是牛奶鸡蛋加火腿，她却只有一碗白饭；大哥出国，母亲二话不说把她的房间卖了，她只能和父母挤在一起；二哥想去旅游，母亲一出手就给了 2000 块，而她想要一本 30 块的习题集母亲都说没钱；她明明可以上清华，母亲却坚持让她读不交学费的师范学院……

这也成了她和母亲乃至整个家庭决裂的导火索。大学期间，她靠着发传单、在超市做售货员来养活自己，不要家里的一分钱。

后来，苏明玉在老蒙的带领下，一步步成为集团总经理，住豪宅，开奔驰。在苏家父子面临失业、买房、婚姻困境时，她一次次暗中出手相救，保全了苏家。

说实话，电视剧里的苏家父子让人看得憋气，不时有砸东西的冲动，只有看到从苦水里打拼出来的苏明玉时，才会感到扬眉吐气、心情舒畅。

电视剧结尾，苏家实现了亲情的回归。但正如网友所说，这样的大团圆结局在生活里很难实现。

其实，现实中，像苏明玉这样在家里不被待见的女孩子，也很难逃脱原生家庭的阴影，更遑论一路披荆斩棘成为令人羡慕的职场女高管。

在每个城市的角落，都有无数个苏明玉这样的女孩，她们在默默咬牙坚持，为了活下去，为了活得更好而努力打拼。

最终，她们也许仍然过不上电视剧里苏明玉那样的生活，而是为一家子的房贷、孩子的学费、老人的赡养而努力打拼，不敢懈怠，但是，她们都在自己的故事里活成了勇者，值得尊敬。

表哥的儿子阿诚在大学毕业后，考取了上海市公务员。每月 5000 多元钱的工资，在支付房租、生活费和交通费之后，所剩无几。赶上同学结婚，包个大红包都要吃半个月泡面。

有一次阿诚回家之前，表哥约我一起吃饭，让我帮着劝劝孩子，实在不行就回老家吧，不然连房子都买不起。

见到阿诚后，我先问了他上海的工作和生活情况。他坦言压力很大。我顺势劝他考虑一下回老家发展的想法。他却一口拒绝，说："现在苦是苦了点，但心里是有希望的。每当特别苦的时候，我就跑到黄浦江边，望着两岸霓虹闪烁，觉得总有一天，自己要在最好的地段买一套大房子，浑身就又充满了力气。"

过了一会儿，阿诚望着一脸忧虑的父母说道："也许，这辈子我只能有个小房子住，但是，我还有下一代啊，一代一代努力下去，慢慢地就会好起来的。现在大家都说阶层固化，如果不吃点苦，比别人多跑几步，怎么实现人生梦想？"

最后他说，回老家，自己的身体可能会安逸，但是内心会痛苦。所以，在这里再苦，他也要坚持下去。上海那么大，只要肯努力，一切皆有可能啊。

活得更好，是每个人的理想。为了这个理想，人们寒窗苦读、背井离乡、努力打拼、独自疗伤，活成了自己故事里的勇者。即使最终不能实现理想，在这个过程中，自己的点滴积累和进步也是幸福的事。

同事阿周的父亲，是名矿工。每次说起父亲，阿周都特别感慨。父亲四十多岁的时候，因为一次事故，腰部受伤，无法从事原来的工作，便在家附近开了一家早餐店。

那时候，阿周在二十多里外的镇上读中学，弟弟则在矿区读小学。

每天早上五点钟，阿周起床的时候，母亲就开始忙早餐店的生意，父亲则给他们准备好了早饭，简单的面条或者头一天店里卖剩的包子，外加一份炒得特别软烂的萝卜条。

父亲沉默寡言，从来没有说过疼爱他们的话，也不会在他们受到挫折或者得到荣誉的时候对他们拥抱或说鼓励的话。但是，他也从来没打骂过兄弟俩。

阿周和弟弟都很懂事，学习都很好。父亲因为腰伤，走路、弯腰都很困难，兄弟俩看在眼里，便在假期抢着去店里帮忙，但总被父亲撵回去读书。

后来，阿周成为矿区第一个考到北京的大学生。父亲在一片赞美羡慕声中，依旧保持严肃沉默，却悄悄花掉了一个月的收入，给他买了一台笔记本电脑。

看着父亲捧着笔记本电脑小心翼翼的样子，阿周鼻子发酸，第一次拥抱了父亲。

这样的父亲，其实随处可见。他们身处命运的低处，无法给家人创造太好的生活，也没有豪言壮语来鼓励孩子，但是，他们默默努力，活成了一道微弱的光，努力照亮整个家庭，让家人有温暖，有希望。

这些人，虽然没有成为盖世英雄，但同样值得尊敬。

蘑菇的孢子最初生长在阴暗潮湿的环境里，得不到阳光，也没有肥料，如果熬不过这段日子，便只能自生自灭；但如果能坚持下来，长到足够高，就能得到阳光和雨露的滋养，茁壮成长。这就是著名的“蘑菇定律”。

这像极了许多初入职场的新人，不被人重视，每天打杂跑腿，被人呼来喝去。不仅如此，稍有不慎，就会遭遇无端的指责和批评，看不到前途和希望。

面对压力，有的人自暴自弃，放弃梦想；而有的人，则默默熬了过去。

其实，每个优秀的人都像蘑菇一样，有过一段沉默的时光。在那段时光里，你无论多努力，都不会立刻见到成绩，甚至被辜负，被打压，被算计。如果退缩不前，就只能无所建树，默默老去。唯有忍受住孤独和寂寞，不抱怨，不放弃，不断努力，才能熬过人生的“蘑菇期”，迎来光明时刻。

莎士比亚说过：“不应当急于求成，应当去熟悉自己的研究对象，锲而不舍，时间会成全一切。凡事开始最难，然而更难的是何以善终。”

漫长的人生里，成功的关键不是运气和聪明，而是毅力。我们看到的那些有成就的人，往往不是最聪明的，而是最能坚持的。

我特别认同瑞典女诗人安娜·吕德斯泰德曾经写过的一段话：

“所有人都是个人，各不相同，各具特性。通过做一个与众不同、具有特性的个人，成为你自己，也就完成了使命，因此也就丰富了这个世界。这并不意味着你要在世人眼中得到承认，更不是要你成名成家，有权势和财富，而是说，你要找到你自己，根据自己的条件生活。”

愿你也在自己的生活里，活成勇者。

Part Two

成年人的世界里，没有考试铃声

每个人都要熬过无数次山重水复的无奈甚至绝望，
一路坚持，
才能走到人生的柳暗花明，站到生活的至高处。

我们所做的每一件事，
都可以看成一场场考试，
一次次成绩累积下来，
人生的得分就渐渐清晰起来了。
无形的考试每天都在继续，
得分高低最终决定一个人的立足点如何。

慢慢修炼，长本事，消脾气，
此消彼长，日子久了，自然会有美好未来。

成年人的世界里，没有考试铃声

罗辑思维创始人罗振宇讲过这样一件事：

在某次活动中，他遇到一个年轻人，年轻人说特别想加入罗辑思维团队，并列举了自己的许多优点。罗振宇听了觉得还不错，就让年轻人把简历发给公司人事，好安排面试。年轻人却说他没有罗振宇公司人事部的邮箱。其实，公司人事部的联系方式，网上就可以搜到。

罗振宇很感慨地说："现在的很多年轻人，习惯了准备得很好的考场，他们自己只需要在考试铃声开始之后，好好表现自己，却没有意识到，成人的世界里，没有考试铃声。"

我深以为然。并不是说那个年轻人能力不行，只是他的思维模式已经被学校里的一次次考试格式化了，铃声一响，进入考场，就开始考试。岂不知，走出校门后，真正的人生考试才刚刚开始，却不再有考试铃声提醒。

我有位朋友在一家世界 500 强公司做人力资源工作。有一年，她去国内一所 985 大学招聘。招聘中途，她忽然改用英语，当时面试的一位女孩子立刻蒙圈，磕磕巴巴，答非所问。于是，她请那位女孩离开。

随后进来一位女生，全程用英语流利对话，回答问题从容不迫。朋友当场决定录用那位女生。

面试结束后，朋友被之前英语讲得磕巴的女孩拦住。女孩很不服气地说："招聘简章上没有说要讲英语啊，早知道，就好好准备了。"

朋友笑了笑说："姑娘，走出校园后，没有人再像学校里那样，告诉你今天考英语，明天考数学，甚至帮你划重点，你可以临时突击过关。很多时候，考试无处不在，并且随时可能开始，考察的是你的综合素质，你要学会适应。"那个女孩听后，一脸郁闷地离开了。

第二位女孩入职后，后来成了朋友的下属。有一次交流起来，那女孩告诉她，面试前，她不仅查了朋友公司的背景资料，还多方了解了朋友和另外几位招聘官的做事风格和喜好。知道她有在面试现场临时改用英语的习惯，所以，从收到招聘信息后，她就开始苦练英语，还请人模拟面试。

"机会只给那些有准备的人。"这话人人耳熟能详，却不是每个人都能做到。

网上曾经有一个流传很广的故事，说的是张三、李四两个人同时入职了一家蔬菜贸易公司，几年后，张三升职加薪，李四却原地踏步。

李四不服气，便去找经理理论。经理没有回答他的问题，而是让他去市场看一下土豆行情。半个小时后，李四回来了，向经理汇报：“二十公里外的集贸蔬菜批发中心有土豆卖。”

经理问：“一共有几家卖土豆的？价钱分别是多少？”

李四挠了挠头说：“您没让我打听这些啊，我再去看一下吧！”

经理拦住他，然后把张三叫来，吩咐了同样的事情。

半小时后，张三回来了，汇报说：“今天市场上有三家卖土豆的，其中两家是三块钱一斤，但一个老人的只卖两块八一斤，质量也最好，因为他是自家种的。如果我们需求量大，价格还可以优惠。并且他有货车，可以免费送货。我已经把老人的电话记下来了，可以随时联系。”

听到这里，李四惭愧地退出了经理办公室。

如果查看土豆行情是一张考卷，显然，李四的成绩是不及格的，而张三却可以拿高分。

人在职场，我们所做的每件事都可以看成一场考试，一次次成绩累积下来，你在领导和同事心中的得分就渐渐勾勒出来了。

只不过这种考试是无形的，除了随时随地都会出现，你的得分也只是在每个人的心中保存，不像在学校里，考完了一次，老师会公布一次成绩。但是到了关键时刻，这个隐形的分数就会决定你的去留与升迁。

故事里的李四最后找到了自己不能升职加薪的原因，而现实中，有多少职场人有勇气去和老板理论？理论了，又能有多少收获？

很多人往往把不满藏在心里，他们看不到别人的努力，只是一边恨恨地觉得自己吃了亏，一边怀疑别人肯定“作弊”了。

然而，无形的考试照常继续，自己的得分越来越低，最终把自己送到了人生最低处。而那些明白人生处处皆考场的人，却用自己的努力和自律，拿到了人生的一个又一个高分。

同学陶子毕业后进了老家的一家银行做柜员，每天坐在固定的工位上，重复着同样的工作，拿着几千块钱的工资，下班后，和小姐妹逛逛街、吃吃饭，稳定又安逸。

但是，陶子觉得，再这样稳定下去，自己就要废了。于是，她开始拒绝一切聚会应酬，苦学金融知识，一年后，考取了金融理财师。

35 岁那一年，她毅然辞去国有银行的稳定工作，去了北京刚成立的一家银行做理财师。刚开始的时候，她给客户做的理财设计经常被退回，收入极不稳定。那时候，她压力很大，头发一把一把地掉。

最难的时候，她三个月交不上房租。有天晚上，她给我打电话，说着说着，声音哽咽。我劝她，不行就回来吧，还是小城安逸。

陶子说：“我就当是古代举子进京赶考吧，我一定考个好成绩出来。”

几年后，她成为业界薪酬最高的理财师之一。

正如奥地利著名作家茨威格所说：“将偶然和命运视为同一，只是年轻时的想法，久了以后自然会发现，生命的轨迹是由自己造成的。”

无论工作还是爱情，在成年人的世界里，没有考试铃声，只有一场接一场的考试。每一场，都会在不知不觉中影响着你未来的人生走向和可能达到的高度。

你付出多少，也许一天两天，甚至一年两年都看不出什么，但是，时间久了，2 万小时定律就会显出成效。所以，当自己的事业、生活不如别人的时候，先别急着抱怨，想一想，是不是自己的努力不够，或者努力的方向不对？

一位知名主持人说过：要得到你必须要付出，要付出你还要学会坚持，如果你真的觉得很难，那你就放弃，但是你放弃了就不要抱怨。

人生就是这样。世界是公平的，每个人都是通过自己的努力，来塑造自己生活的样子。

如果做事情肯付出三倍的努力，并持之以恒，就一定能在人生的大考场上拿到不错的分数。

种一棵树最好的时间，是十年前和现在。从现在开始，做好自己的事情，假以时日，一定能等到枝繁叶茂，开花结果。

愿每个人都拿到自己人生的最高分。

真正能成事的人，都有这个特点

有天晚上，表姐给我打来电话，语气中透着无奈："你帮我劝劝婷婷吧，她又辞职了！"

我赶紧问："这次是因为什么？"

"和领导吵起来了！"表姐气急败坏。

婷婷是表姐的女儿，今年28岁，从国外留学回来3年，换了5家单位，不是嫌公司小，就是嫌同事搞办公室政治，或者吐槽薪水不够买一只包。

我和婷婷通了电话，了解了事情的原委。这回，是因为婷婷写的一个文案被客户要求改了3遍还是没通过，婷婷有点急，就跟客户顶撞起来，被投诉到领导那里，领导喊她去办公室，批评了她几句。

领导还没说完，婷婷就爆发了，从客户吐槽到领导，再到同事的钩心斗角，然后摔门而出，辞职了！

听完婷婷的叙述，我说："没有谁的职场不委屈，尤其是新人。单位不是家，领导和客户不是爸妈，没人有义务哄着你。要受得起委屈，才能慢慢成长。"

婷婷来一句："有本事的人都有脾气。"

婷婷从小到大一直是"别人家的孩子"，考上国外一所不错的大学，还读了研，履历确实闪着光，但是，她脾气也大。

然而，作为一个职场新人，她最多是有点才华，还谈不上有本事，把才华转换为本事，还隔着山山水水很长一段路。

有本事的人往往都有脾气，没错，但是，他们在有本事之前，肯定没那么大脾气。与其说有本事的人往往都有脾气，不如说一个人成为有本事的人之后，会逐渐变得更有底气，更有鲜明的态度和原则，但是，绝不会乱发脾气。

想成为有本事的人，仅凭金光闪闪的履历和才华是不够的，要在生活中慢慢修炼。长本事，消脾气，此消彼长，日子久了，自然会有美好未来。

看看周围，那些能成事、成大事的人，都做到了有本事，没脾气。

人生在世，每个人都有自己的脾气。

有的人随和，有的人暴躁，有的人豪爽，有的人霸道，甚至有的人很多性格并存于一身。但是，人生就是一个修罗场，每个人都要经历十八般修炼，控制好自己的脾气，才会拥有想要的生活。

三国时期，曹操有众多儿子，他最喜欢的是曹植。曹植出生时，曹操已经功成名就。由于出身优裕，曹植天真正直又才华横溢，尤其擅长辞藻华美的词赋，深得曹操喜爱。

建安十五年，宏伟瑰丽的铜雀台刚刚建好，曹操带领曹丕、曹植和众幕僚登上高台，命儿子们做赋赞美。

哥哥曹丕写好后，刚想献给父亲，却发现弟弟曹植的《铜雀台赋》早已在父亲手中了，而且，还得到了曹操的大力赞美。曹丕看了看自己手里的文章，默默藏进了袖子里，和大家一起赞美弟弟的盖世才华。

平日里，曹操对曹植的喜爱从来不加掩饰：出征打仗，带着曹植，而让曹丕留守后方；曹丕、曹植都喜欢的谋士，曹操毫不犹豫地拨给曹植；建安十六年，弟弟曹植封了平原侯，哥哥曹丕依旧给父亲打杂做副手……

曹植想要的，甚至不用开口，曹操就立刻送到他的面前。谁都觉得曹植拿了一手好牌，美好未来指日可待。

然而，他恃才傲物，目空一切；饮酒无度，甚至酒后驾车违禁乱闯；而且不约束身边人，妻子也因为穿错衣服被父亲赐死……生生地把一手好牌打烂。

与此相反的是，才气远不如他的曹丕始终在曹操的身边默默做事，忍受父亲的偏爱，忍受幕僚的疏离，忍受看不到希望的寂寞，慢慢地赢得了父亲的赏识。

建安二十二年，曹操选立任劳任怨、忠诚可靠的曹丕为魏王太子，而放弃了才华横溢的曹植。

有才华是好事，但是，用好自己的才华，让才华成为真正的本事，才能成事，否则，反而会伤了自己。

有句话说得好："哪有什么怀才不遇，不过是你的才华配不上你的野心。"有才华、没脾气、情绪稳定的人，才能走得更远。

多年以前，我大学毕业实习的时候，曾经遇到过一位脾气特别好的领导，他见到谁都笑眯眯的，而且每天早早就到单位，打扫办公室，处理公务。

在实习的三个月时间里，我没见他发过一次火。就连我们这些实习生去他的办公室办事，完事后他也会笑着送到门口。

听说他的书法、绘画都很好，是当地书法协会理事，我们几个就一起去求字。他认真地问我们每个人的爱好，求什么字，然后写给我们，没一点架子。

有一次，他请我们几个实习生去他家里吃饭。中途有个人来拜访，给领导带了一方很贵重的砚台，说了一大堆客套话之后，才说是来求一幅字，想挂到自己的办公室。

领导语气温和、态度坚决地拒绝了。那人再三恳求，领导始终不松口。临走，那人借着酒力说了句特别不恭敬的话，大概是说"三年河东三年河西，做人不要太傲娇"之类。

我们几个人听了觉得特别尴尬，领导却面不改色，客气地把那个人和他的礼物送出门。后来我们才知道，那是实习单位管辖的一家企业的老板，他哪里是来求字，实际上是来求“护身符”的。

我们实习结束时，领导主动给我们几个学生每人写了一幅字，还事先征求了我们的意见，问喜欢什么字。

实习结束后不久，我就听说那位领导升职了，成了当地最年轻的区长。

一个人的脾气里，藏着他的气度和修养，也藏着他的未来。脾气越好，成功的概率越大；脾气越大，成功的概率越小。

不仅如此，有时候，控制不住自己的脾气，逞一时之快，还会抱憾终生。

同事小罗一次醉酒晚归，老婆说了他几句，二人发生争执，他一怒之下抄起花瓶砸得老婆头破血流。事后老婆闹着要离婚，小罗后悔不已。

我的一位朋友，因为女儿的考试成绩不好，一怒之下动手打了女儿，结果女儿离家出走。后来虽然找了回来，但是母女关系特别糟糕。

网上有一个新闻：一个人开着新车与别人的车发生了剐蹭，他心疼自己的新车，与对方发生了肢体冲突，结果双双进了拘留所。他羞愧地说：“都是我这暴脾气害了我……”

一念地狱，一念天堂，选择哪条路，取决于你的脾气和修养。

很多时候，我们评价一个人，会说这个人脾气特别好，或者那个人脾气特别暴躁。其实，谁没脾气啊，遇到不顺心的事儿，都想发脾气，只是那些“好脾气”的人懂得克制，更有内涵和定力。

一个人成熟的标志，就是学会把握和控制自己的脾气，消解自己的情绪。我们在遇到不公平的事情时，在发脾气前，先问问自己可能引发的最坏结果是什么，千万不要让行为比脑子快。

遇到嫉妒、算计、贪心、霸道等负能量爆棚的“垃圾人”时，不要试图讲道理，而是及时远离止损。有句话说得好：“只与同好争高下，不与傻瓜论短长。”

遇到过不去的坎，先别急着绝望和放弃，冷静下来，把眼光放长远，寻找生机。

俗话说：“没有过不去的火焰山。”今天看来天大的事儿，再过几天或者几个月，也许就不再是事儿了。

遇到需要出手相助的人和事，该出手时就出手，心存善念，有时候，助人就是助己。

做个有脾气也有风度、有态度也大度的人，多一点和气，少一点脾气，因为，你有什么样的脾气，就有什么样的未来。

从“中年危机”到“中年契机”，你只隔着这俩字

不知道从什么时候起，“中年危机”这个词儿忽如一夜北风吹，令无数中年人内心瑟瑟。随之而来的，是中年人屡屡被吐槽，中年人的肚腩、枸杞和保温杯一起成了被调侃的对象。

而“88 年的中年女子”以及“90 年的老女人”，一夜之间，让中年人的行列迅速扩大，“中年危机”就像流感一样，迅速蔓延。

“中年危机”的话题频繁登上网络热搜。在这样的话题下，总能看到层出不穷的吐槽和无奈：即使对着镜子收腹挺胸，我也看得见自己的大肚腩；电梯里，竟然有个十几岁的少年喊我阿姨，我才 35 岁啊；无缘无故被领导骂，再没有了 20 几岁时甩手而去的勇气……

身材走样，年龄感显现，越来越“怂”，让无数人感到恐慌，担心“被抛弃”。

在这样的舆论轰炸下，身边的不少中年朋友，包括看起来比较成功的人士，都有点焦虑。或许是手中资源不再，或许是未来不可预知，或许是魅力不断减少，或许是看不懂的名词越来越多，无论男女，都有点失落。

确实，人到中年，上有老下有小，压力都比较大，工作、生活、健康，房子、票子、孩子，都需要平衡，所有的委屈和困难都要自己扛，人前还要微笑前行。就像《中年阵线联盟》里唱的："我们努力工作呀，赚的永远不够花，还房贷，还车贷，什么时候到头啊……"

然而，凡事都有两面性，反过来说，相比年轻人，中年人物质财富更丰富，掌握的社会资源也比年轻人和老年人更多，外部因素引发的危机要小得多，心理因素才是更重要的危机诱因。把"中年危机"说成"中年心理危机"，可能更确切一些。

所以，要解决中年危机，关键是两个字：心态。

前段时间，我和几位朋友去医院看望一位大姐。她是乳腺癌晚期，癌细胞已经扩散，但她自己还不知情。

几句话过后，她就开始抱怨：抱怨婆婆伺候不周，做的饭难吃；指责单位的领导"没良心"，自己给单位贡献那么大，竟然只带了个花篮来看她；郁闷儿子学习越来越差，迷恋游戏……

我们劝她安心养病，聊了几句，就赶紧退了出来。她的母亲跟出来，抹着眼泪说："她就是太要强，生生把自己逼到这份儿上！"

路上，我们几个人很感慨。其实，这位大姐从小家境不错，婚后老公温厚体贴，儿子乖巧懂事。可是，她太要强，看到别人的老公升职加薪，回家就和老公怄气，嫌弃他不思进取。

在她一次次的“碎碎念”中，老公开始努力争取“进步提拔”，各种功课都做足了之后，那一年，单位调整的干部名单里，还是没有她老公。在庆祝同事升职的宴席上，他喝了太多的酒，回家后突发脑溢血，倒在卫生间里，再也没有醒来。那一年，他才 41 岁。

后来，大姐就把全部的希望转移到儿子身上，结果儿子不堪重压，离家出走。回来后，大姐再也不敢管了。于是，儿子终日迷恋游戏，渐渐成了问题少年。去年，大姐得了抑郁症。

早在两年前，大姐在体检的时候，就知道了自己乳腺有问题，但是，她放不下的太多，尤其在单位，掐尖要强，见不得别人比自己好一点：哪个女同事穿了件漂亮衣服，她就要立刻买一件；谁家孩子考了第一，她会郁闷半天……在她的眼里，男同事升了职，必定是送了钱；女同事升了职，必定有后门……最后，大家都躲着她走。

记得有一篇文章中这样写道：“世上所有的病，都是免疫系统打了败仗。”所有的嫉妒、不甘、抑郁、愤怒等坏情绪，都会沉淀在身体里，即使大脑暂时忘记了，身体也会记得，积累多了，终将化成一场免疫风暴，甚至带走人的生命。

其实，人到中年，把心态放平和，不再期望够不着的功名利禄，不再和周围的同龄人比较，不再对孩子期望过高，把中年看作人生的必经之路，泰然处之，不焦虑，危机感也就减轻了，心宽天地净。

调整心态，并不是要中年人与世无争，早早“佛系”，韬光养晦。

心理学家荣格认为，社会对于个体的评价主要是依据其社会成就，通俗地说就是功名利禄，而很少关注个体在人格上或者内心状态上的成绩。在这样的因素下，个体在一生中很长的时间，都会把主要精力放在对社会成就的追求上，而忽视了对于精神世界的构建。

年轻时，人们在奋斗的过程中往往是一腔热血，勇往直前，却很少静下心来思考自己内心的真实需要。人到中年，应该学会内省，想想自己真正需要的是什么。

就像梁实秋说的：“中年的妙趣，在于相当地认识人生，认识自己，从而做自己所能做的事，享受自己所能享受的生活。”

苏轼一生起起落落，不断遭到贬谪，大半生在贫穷困顿中辗转，于功名富贵无缘，在当时世人的眼中，他算不上成功。

但面对这样的人生际遇，苏轼以自己的方式活出了跨越千年的恣意与辽阔。

38岁，苏轼在密州时，他意气风发带人去打猎，发出“会挽雕弓如满月，西北望，射天狼”的万丈豪情。

42岁，苏轼因反对王安石变法被贬黄州。刚开始时吃饭都成问题，但他发现猪肉特别便宜，因为达官贵人不屑于吃，穷人不知道怎么吃。于是，苏轼多番尝试，发明了脍炙人口的“东坡肉”，并写下“净洗铛，少著水。柴头罨烟焰不起，待他自熟莫催他，火候足时他自美”的《猪肉颂》。

52岁，苏轼任杭州知州时，发现西湖湖泥淤塞、杂草芜蔓，便着手清理淤泥，疏浚西湖，然后，利用挖出的淤泥，筑起了一道南北走向的堤岸，堤上夹种花柳。朝代更迭，成为今天著名的西湖景观“苏堤春晓”。

得意、失意、欢喜、别离……世间种种际遇，被苏轼酿成一壶老酒，经过时间的发酵，变得厚重绵长。

每个人只活一次，也许尝遍了各种生活滋味，人生才更加完整丰盈。

苏轼就是梁实秋先生说的那种能认识自己，认清世事，懂得享受人生的人。

中年危机，人人都会遇到，从古至今，少有人幸免。如果人云亦云，只看到危机，那就只会把自己弄得焦虑。不如学学苏轼，把中年危机，乃至各种危机，都当作一种契机，活出无限生机，赢得更加通透智慧的人生。

作为中年人，有能力华丽转身，冲刺新的高峰，是一种活法。但是，更多的普通人，小半生过去，生活已经基本定局，无法任性地重新开始一切，那么在自己的工作之外，寻求一份心灵的舒缓和惬意，也是好的。

我认识一位大哥，他是一个单位的领导，二十多年的职场生涯起起伏伏，暗流汹涌，但是，他从来都是淡定自若。

前几天，大家在一起吃饭，聊起中年危机的话题。有人问他："什么时候见你都是笑呵呵的，你没碰上过危机吗？"

他笑笑说："人在社会，人到中年，哪有不遇到事儿的？哪有不焦虑、没危机的？只是，我有自己的化解办法。"

原来，这位大哥有两个爱好，一个是写作，一个是唱京剧。平时，他压力大的时候，不是去公园里和那些退休老人唱一段京剧，就是通过写作来缓解情绪。

几年前，他就开通了自己的公众号，只是一直很低调，没有告诉身边的人。他说："我就是想随心所欲写一些东西，不受外界影响。"在我们的要求下，他说出了公众号的名字，我们大吃一惊，因为，经常在一些思想文化平台上看到这个名字。

我想起海明威在《老人与海》里写的一句话："现在不是看我们缺少什么的时候，而是要看一看，凭我们拥有的，我们能做什么。"

人到中年，找到能让自己快乐的途径，危机自然消除。就像《中年阵线联盟》唱的，"找一个承认中年的方法，让心情好好地放个假。当你我，不小心，又想躁了，就在记忆里画一个叉"。

中年人最大的智慧，就是有足够的洞察力、有能力给坏情绪画一个叉。

如果幸运的你还年轻，如何预防中年危机呢?

一起复习一下作家刘同书中的一句话："热爱一件事情，并坚持去做它，从第一秒开始，它就会慢慢地在你看不见的存钱罐里帮你存上一分两分三分……当有一天，你对这件事情的热爱及专业度足够拿得出手的时候，你就可以大大方方从存钱罐里取现了。"

愿每个人都修炼出掌握自己人生的能力，不焦虑，没危机，活出自己的精彩人生。

做好眼前事，再想其他的

几个月前，父亲住院做了个小手术，我赶回老家的医院陪护。晚上哥哥在医院，白天我和姐姐轮流去。

两天后，我就开始焦虑。因为手头有几篇稿子到期了，都是合作很好的编辑，我不能辜负他们，但是白天在医院和家里来回跑，静不下心来，只能早起加晚睡赶稿。

我不经常使用笔记本电脑，所以打字速度慢，加上手头资料少，写作效率特别低。蜗牛似的工作速度，让我有点烦躁。然而，越急越出错。那天我好不容易快要写完的稿子，关闭的时候，脑子一卡点了“不保存”，3000 多字，就那样消失了。

那一刻，我撞墙的心都有了。

俗话说“祸不单行”，在我万分沮丧的时候，编辑老师突然告诉我一直洽谈着的书稿搁浅了……

在医院，我一边守着父亲输液，一边不停地打电话，寻求电脑高手帮助，甚至火急火燎地发了朋友圈求助。父亲见我顶着一头乱发和熊猫眼，活脱脱一头困兽似的样子，便问我怎么回事。

听完我的讲述，父亲笑了："你先别急，出书不是件小事，晚点出未必不好。丢了的稿子，找个修电脑的看看。你现在应该先和编辑沟通一下，说明情况，看看还能不能争取……"最后，父亲说："着急没用，不如平静下来，先做好眼前的事，再想其他的。"

父亲的话让我瞬间清醒，我开始冷静下来，一件件处理眼前的困窘。几番沟通下来，编辑很理解地给我宽限了时间；下午，有电脑高手帮我恢复了文档。

当我心平气和、不疾不徐一件件处理事情时，所有的事情都迎刃而解。

人们常常说要"过好当下"，那么，到底什么叫作"当下"？

有人说，"当下"指的就是你现在正在做的事、待的地方、周围一起工作和生活的人。这样说来，"过好当下"就是要全心全意投入、接纳、体验甚至享受眼前的这一切，而不是一味焦虑，顾此失彼。

我想起之前看过的一则禅宗小故事：

一个小和尚问得道老和尚："师父，你得道前做什么？"

老和尚说："砍柴挑水做饭。"

小和尚又问："那你得道后做什么？"

老和尚回答："砍柴挑水做饭。"

小和尚听了很是不解，问："那有什么区别？"

老和尚回答说："我得道前砍柴时想着挑水，挑水时想着做饭，做饭时想着砍柴；我得道后砍柴时想砍柴，挑水时想挑水，做饭时想做饭。"

大道是简，平常心就是道。

现实的情况却是，很多时候，我们无法专注于当下，总是心不在焉，想着明天、明年，甚至遥不可及的未来，无论是吃饭、走路、睡觉，还是娱乐、工作，往往没有耐性，总是急着赶赴下一个目标，过得忙碌又焦虑。

明明可以做好当下的事，享受生活的小确幸，却总是想着诗和远方，期盼着未来会如何成功，而把当下过得凑合和应付。因此，错过了一个又一个当下，诗和远方，都没有看到。

真正好的生活，应该像巴西作家保罗·柯艾略在《牧羊少年奇幻之旅》里所写的那样：

我现在还活着。当我吃东西的时候，我就一心一意地吃；走路的时候，我就只管走路；如果我必须打仗，那么这一天和其他任何一天一样，都是我死去的好日子。因为我既不生活在过去里，也不生活在将来中，我所有的仅仅是现在，我只对现在感兴趣。假如你总是把握现在，你就能成为一个幸福的人。你将会发现，沙漠中存在着生命，夜空里有着星星，战士们打仗因为是人类生活的一个组成部分……生活是一个节日，是一场盛大的宴会，因为它永远是，又仅仅是我们现在经历的这一刻。

其实，把当下的每件事做好，把每一天过好，未来就不会太差。

随着时代的飞快发展与变化，人与人之间的生活差距越来越大，曾经在一个学校读书、一个教室上课的人，十年、二十年后，生活境遇往往是天壤之别。

落差越明显，人们的心理压力就越大，焦虑成了所有人的通病，无论男女老少：孩子们为了学业焦虑，大学生为了就业焦虑，中年人为了家庭生活焦虑，退休的人为了儿女的生活焦虑……

繁华都市，站在天桥上向下看，每个人都步履匆匆，仿佛都在争分夺秒。

表妹小冉快要大学毕业了，每天都在为了先工作还是继续考研而焦虑。我问她生活目标是什么，她答：“我自己也很纠结，想找一个好点的工作，然后谈个恋爱，结婚生子。但是我又很害怕，现在大学生一抓一大把，以后只有大学学历恐怕不行，所以想读研。可是，以我的成绩，考研太难了……”

恐惧和茫然每天笼罩在她的心头，她甚至无法坐下来好好写毕业论文，同学们约她去校园拍照留念，她都觉得没心情……后来，她告诉我，她的毕业论文出了点问题，需要延迟毕业。

不把当下的事情做好，再多的美好设想都无法实现，就像作家海明威所说：“今天只是未来所有日子里的一天。但是未来所有日子里将发生的一切，取决于你今天做了些什么。”

踏踏实实地做好当下的事，不纠结，不焦虑，不盲目，才能过好未来的日子。

很多时候，我们高估了自己，想要的太多，反而失去了真正的目标。

亦舒曾经在她的书中讲过一位朋友的事情。她的这位朋友爱好广泛，多才多艺，从政、写作、书法、音乐甚至影视剧都有涉及，京剧也唱得不错。得意时，甚至刻了枚闲章，上面的字是：十八般武艺件件稀松。其实，每一件都不怎么精通，不足以支撑起一份好的生活。

后来，人到中年，这位朋友忽然发现周遭的人虽然没有自己多才多艺，但是他们靠着一技之长，似乎过得都比他好，于是幡然醒悟，决定静下心来专攻影视剧，不久后，便成了知名导演。

他的这些经历，其实在很多人身上都发生过，只是这位导演及时醒悟，那些经历就成了故事，而如果没有之前的觉悟和改变，也许就是事故了。

现实生活中，谁不希望自己十八般武艺样样精通，上知天文，下晓地理？最好还能张口说几个国家的外语，没事儿考个律师证，业余再写几篇稿子赚个零花钱……美其名曰："斜杠青年"。

其实，就算是那些成功地活成了"斜杠青年"的人，也不过是做好了许多事情中的一件而已。

你把时间用在哪里，日子久了，别人自然看得见。

人的精力有限，不可能把所有的东西和技能都学好。找到自己喜欢的方向，滋养人生，假以时日，生活不会太差。在这之前，要先养活自己。

有时候，人的苦恼就是，想要的太多，而能做的太少。

我有个闺密升职了。

她升职加薪后，工作比以前更加忙碌了，和我们聚会时也不停地用手机安排调度工作，甚至急得拍桌子，后来干脆忙得没时间参加聚会。半年后的一天，她忽然告诉我，自己辞职了。

辞去了那么多人梦寐以求的职位啊，为什么呢？

她说，她升职后发现，除了薪水增加，其余的都在减少：和闺密、老公、孩子相处的时间减少了；睡眠时间也减少了，身体已经出现警告讯号；快乐也减少了，再也没时间看一本书，或者静心听一段自己喜欢的昆曲……

我说，也许这些是暂时的，慢慢适应了就好了。她说自己考虑过，也给自己时间适应了，但是，人生总要有所取舍，如果连眼前的事情都做不好，将来也很可能不会开心。最后她说，也许自己就是一个普通人，喜欢一日三餐的烟火家常，这样感觉更踏实。

是啊，做好眼前的事儿，走好脚下的路，珍惜眼前的人，把当下的每天都过得充实而精彩，其实就是最好的人生。

我曾经看过一句话："现在你活得好不好，跟你前几年在干什么有关；而未来怎么样，和你今天做什么有关。"

活在当下，过好今天，明天才能有所期冀。真正的幸福就是做好眼前的事情，过好当下的每一天。

你那么努力，却无法成功的原因只有一个

作为一个自媒体作者，我每天打开网络，就会看到诸如“14 天让你从写作小白成爆文作者”“30 天让你成为英语达人”“半年让你从月入 3000 到月入 30000”的励志鸡汤文，加上各种层出不穷的电视选秀节目、网络直播平台，一个个“草根”跃跃欲试，梦想一夜之间红遍大江南北……

在这种快餐式成功学的激励下，越来越多的人像打了鸡血，向往一夜成名。那些本来按部就班工作和生活的人们也开始惶恐，感觉不努力就对不起自己和家人，还会被同龄人抛弃。于是，默念着“有志者事竟成”的名言，头悬梁、锥刺股，报了一个又一个学习班，期待着“三千越甲可吞吴”。

事实是，很多人那么努力，却仍然看不到成功的希望。有句话说得好：“不努力一定不会成功，但是，努力了，也不一定成功。”

为什么努力了还不成功呢？正如畅销书作家李笑来所说，努力根本不是成功的充分必要条件，成功的充分必要条件说穿了只有一个：做对

的事情。

简单说就是，姿势不对，努力白费。对于这一点，我深有体会。记得我刚开始写公众号的时候，我是没有远大理想的，只是自己从小就喜欢写东西。

但是，写了三个月后，忽然有一天，一篇文章被一家拥有千万粉丝的平台转载，成了“爆文”，随后又被200多家平台转载，朋友们纷纷祝贺，我还被邀请去社群分享……

我忽然觉得自己潜力无穷，必须全力以赴争取成功。想到有一位朋友，两年时间做到了公众号有十几万粉丝，于是，她就成了我的第一个成功参照物。

为了实现这个目标，我给自己列出了每天的计划：背诵宋词一首，看书100页（有输入才能有输出）；拆解“爆文”一篇（学习从模仿开始）；写一篇2500字的公众号文章（学以致用）；报了2个学习班，一个写作，一个公众号运营……

然后，胸口写着硕大的“努力”二字，我开始向着成功出发。

刚开始的一周，我斗志满满，圆满完成了计划。渐渐地，读书任务开始拖延，学习班课程开始应付，再后来，我颈椎病发作……写作也陷入了瓶颈，看看自己写的，再看看那些热门公众号的“爆文”，我开始焦虑、失眠。

有一天，好久没有聚会的几个闺密约着一起踏青。她们看到我都很吃惊，感觉我面色发黄、一脸憔悴，完全没有以前神采飞扬的样子。

回来后，我和一位老师说了自己的状态。她告诉我，这属于用力过猛，给自己制定了一个远大但不切实际的目标，要及时调整努力的姿势，让节奏慢下来。

她告诉我，心理学家米哈里·契克森米哈赖有一个著名的“心流”理论：只有当一件事情的挑战程度和你对其的应对能力相当的时候，才能进入心流状态。在这一状态中，你的每个动作、想法都如行云流水一般发展，所有的能力被发挥到极致，并获得高度的兴奋和充实感。

因此，制定一个与自己的能力匹配的目标，加上正确的努力姿势，才有可能走向成功；反之，则是事倍功半，事与愿违。

后来，我及时调整了思路，把原创文章由日更改为隔天更新，在能力所及范围之内，反而感觉越写越顺利了。

有一个切实可行的目标，是成功的前提；用力过猛，会事与愿违。但是，如果只有远大目标，不付诸有效的行动，也很难成功。

原来我认识一位文友，刚开始时我们一起为杂志写稿，她写了几篇都没有通过，就转而学写散文；写了一阵子，还是不行，又开始学写纪实稿件；然后又学写小说……三年时间，陆陆续续花了不少钱，最终一篇文章也没发表。

前几天，她发来一篇杂志稿让我看看，问我该投哪家杂志。

我无语，因为我早就告诉过她，你想给哪家杂志投稿，一定要了解该杂志的风格和栏目设置，量体裁衣，不然，人家要的是马甲，你做的大褂再好也不行啊，尤其是作为写作新人……

几年过去了，她一句没听进去，还是自嗨式地写作。

我委婉地拒绝说，我现在不写杂志了，在写公众号。她立刻像发现了新大陆，问道："写公众号很赚钱吧？要不我也写公众号吧？！"

虽然需要不断试错的过程，最终才能找到属于自己的发展方向，但是，更要反思、复盘，及时改进，而不是闭着眼睛凭感觉往前冲，白白浪费时间和精力。

作家毕淑敏非常喜欢心理学，46 岁的时候，她考取了心理学博士研究生，夜以继日地埋头苦读。然而，就在离毕业只差半年的时候，她却选择了放弃。

很多人感到意外和不解，问她为什么做出这样的选择。

她说："要拿博士学位，就要考外语。我已经 50 多岁了，每一分钟都很宝贵，不值得拿出许多时间专门去念外语，应对考试。"

放弃博士学位后，毕淑敏开了一家心理咨询机构，一边通过工作帮助患者，一边积累写作素材。

后来，她关掉了诊所，专心写作。几年后，她写出了《心灵密码》《女心理师》等一系列与心理学有关的畅销小说。

一个人的成长往往不是直线，更多的是曲线。不要怕，选择对了，就勇往直前；选择错了，就迂回一下，继续前行。不管选什么，都是成长的一部分。

只是，随着年龄和阅历的增长，试错成本会越来越高，需要通过不断的复盘做出最佳选择，然后深耕。

美国经典电影《教父》里有一句话："伟大的人不是生而伟大，而是在其成长的过程中显示其伟大。"

在努力的道路上，通过不断地调整和改变，找到自己的正确方式很重要，因为任何成功都不可能一蹴而就，而是一场漫长的马拉松，方式对了，事半功倍。

在电视剧《小欢喜》中，童文洁是一家公关公司的财务总监，有一个助理叫小金。小金是个心机妹，见到童文洁亲热地一口一个"姐"喊着，但是为了替代童文洁，在背后给她一步一个坑地挖着。

有一次，童文洁因为儿子方一凡上高三，请了几天假。假期结束刚回到办公室，小金就告诉她，她们的上司珍妮到老板的面前打小报告，说童文洁拖家带口，还常常联系不上，不适合公司财务总监这么重要的岗位。

性格直爽的童文洁听到这些话立刻怒了，恰好这时珍妮有事来找她，童文洁立刻抓住珍妮40多岁仍未婚这件事，一顿夹枪带棒地暗讽，出了一口恶气。

后来，小金与珍妮联手把童文洁扳倒，靠心机上位了。而且，为了升职，小金还与已婚男上司纠缠在一起，甚至怀了那人的孩子。

上司看着小金越来越大的肚子，觉得小金留在公司是个定时炸弹，就抓住小金的一个错误，想趁机把她辞退。小金气急败坏，一封信写给公司高层，揭发了上司的真面目，两人一起被公司辞退。

职场上，人人都想升职加薪，但是，要选择光明磊落的方式，不能不择手段。靠歪门邪道，也许能获得一时的成功，但也极易昙花一现，甚至毁掉一生的前程。

而且，即使选对了努力的方向和方式，也不是所有努力都能取得世俗意义上的成功：高中生拼尽全力，也不是都能进入北大、清华这样的顶尖大学；中国的企业家再努力，也只有一个首富；再任劳任怨，业绩最好的也不一定是你……

所以，努力的方式很重要，而懂得坚持和放弃更重要。我们如果成不了世俗意义上的成功者，就努力做更好的自己。每隔几年，回头看一下，自己生活得比以前更好、更幸福，就也是成功的人生。

能带给你稳定的，从来不是所谓的“好工作”

年初，表姐女儿小蕊所在的企业裁员，34 岁的小蕊也在其中。她红着眼圈对我说：“我在这家公司待了 12 年了，怎么说裁就裁了呢？一点人情味也没有……”

我想起当初她大学毕业找工作的时候，表姐和她的想法完全一致：一个女孩子家，有份稳定的工作就好了，结婚后，有时间多照顾照顾家庭，教育好下一代。

按照这个思路，她进了当地一家国企，管管档案，打打杂，轻松自在，待遇也不错。没想到，十年后，企业效益下滑开始裁员，小蕊首当其冲。

小蕊觉得很委屈：“我还没老呢，况且还有十几年的工作经验，不比那些年轻人强吗？”

我望着一脸失落的小蕊，联想起这些年她轻松惬意的日子，脑海中飘过一句话：“你不是积累了十几年的经验，而是一种经验用了十几年，别无所长。”

职场就是这么残酷，如果没有功劳，苦劳就是白劳。

员工和公司不是家庭关系，也不是友情关系，而是相互成就的价值联盟。不要指望公司会一辈子对你好、对你负责一辈子。即使有公司想为你负责一辈子，也无法保证自己不倒闭。

我曾经看过一组统计数据：美国中小企业的寿命跟青蛙一样，不到7年；世界500强企业的平均寿命，也只有40余年。

再看看这些年我们身边盛极而衰的行业：

国营百货公司——能进去当一名售货员，曾是无数女孩的梦想，如今只在一代人的回忆里；

棉纺厂——家里有棉纺厂职工，曾是很让人骄傲的事儿，如今大都下岗了；

油企——曾经待遇好得令人嫉妒，如今不仅福利没了，还在大幅裁员；

银行——曾经的高收入行业，随着网络金融及无人银行的发展，也开始衰落……

一个人把一生的安稳押在一份工作上，是最不靠谱的一件事。

最近几年，网上有一种说法：未来10年，50%的人会下岗，不再有什么稳定可靠的职业。所以，即使现在你一切还好，也要居安思危。

记得 2018 年春节前后，滴滴裁员 2000 人、宜家裁员 7500 人的消息刷屏朋友圈，很多人被焦虑感、危机感裹挟。2019 年 5 月，科技巨头“甲骨文”裁员的消息又震惊了无数人。

作为世界排名第二的软件公司，甲骨文 (中国) 多年来一直是求职者的梦想企业，公司福利完善，工作环境优越，令很多人向往。然而，一纸裁员书，近千名 985、211 大学毕业的硕士、博士就失业了。

真是失业与明天，不知道哪一个先来。

这么强大的跨国公司都靠不住，周围很多年轻人又把视线瞄向了公务员。

作为体制内的一员，我可以负责任地告诉大家，公务员的工作也并不轻松。

我的侄女在省里机关工作，几乎每天加班，作为财会人员，每到月底年底，各种发票单据用箱子装着，摞起来比她还高。

再说说基层工作，就拿我所在单位举例，曾经有一位刚参加工作的小同事的母亲找到单位领导，说儿子只告诉家里出差，已经一周没回家了，也打不通电话，不知道咋回事儿。原来，这位同事去外地办案，需要保密。

即使这样，也不能保证谁能在一个岗位上干一辈子，各种考评、淘汰制越来越严格，各种监督全方位，一不留神，“铁饭碗”就碎了。

大家都知道，考公务员的竞争有多么激烈，曾经创下 4600 ：1 的比例，能考进来的，都是佼佼者。即使这样，大家还是很有危机感，我身边的很多年轻人都在努力自学，考各种证书，参加遴选……

有时候，看着他们那么努力，我也会开玩笑说，工作稳定，收入也不错，干吗那么拼？有位女孩子告诉我：稳定其实是把“双刃剑”，毫无挑战和进步的日子，会逐渐消磨掉自己的锐气，忘记自己曾经的梦想。

从某种程度上说，稳定，也就意味着一成不变。也许短期内会很舒适，但是，一旦风暴来临，便无法躲避被淘汰出局的命运。

看着伤心不已的小蕊，我建议她从自己的爱好或者特长入手，寻找新的出路。小蕊抬起头，一脸无助地说，她已经 34 岁了，还能干什么呢？

是啊，当一个人下定决心要去做一件事的时候，总会遇到方方面面的质疑：

“你都这么大年纪了，再和年轻人抢饭碗怎么行？”

“这个行业的红利期已经过了，你进入得太晚了。”

“隔行如隔山，转型没你想的那么简单啊。”

……

想得太多，不敢开始，是遏制很多人前进的枷锁。

我告诉小蕊："先开始啊，培养爱好。喜欢健身，能不能考虑做健身教练？爱美，经常去美容院，能不能加入这个行业？……"

不要考虑年龄，只要开始，什么时候都不算晚：83 岁的李奶奶被阿里巴巴集团聘为"产品体验师"，34 岁的小蕊却觉得下岗后自己的人生被毁灭。可以说，是不同的心态造就了不同的人生。

在这个世界上，没有一份工作可以让你永远地稳定。真正的稳定，是任何时候都有能力面对局势的变化，随时保持重新起飞的能力。

畅销书作家薇安曾在自己的新书中讲到这样一件事：

大学毕业后的最初两年，她在本土一家小公司做秘书，月薪只有 1500 元。但是，她依然从微薄的薪水里拿出一部分，用来学英语，每周两个晚上。那个时候，她的工作根本用不到英语。后来，她去一家跨国大公司参加招聘，面试官是美国长大的华人，汉语讲得很不流畅。于是，她主动说起英语，凭借流利的表达，她获得了面试官的认可。在没有任何相关经验的前提下，她被录用了，月薪也从 1500 元一步跨越为 6000 元。更重要的是，她的视野从此打开，命运由此改变，后来成长为世界 500 强公司的高管。

身处稳定环境的人，如果想为自己的未来增加筹码，不如开始学习吧，学习外语，学习写作，甚至健身、舞蹈、音乐……这些东西，除了怡情养性，也许在未来的某天，就会带你度过危机。

说到底，能给一个人笃定与安心的，不是所谓的稳定工作，而是不断提升的能力。提升你的生存能力，请从今天开始。

不走捷径，不凑热闹，不求完美

人生在世，每个人都想成就一番事业。但是，同一起跑线上的人，走着走着，便有了云泥之别。

反观古今中外，那些能成大事的人，往往兼具以下三种特质：

（1）不走捷径

作家刘震云讲过一件事：他的舅舅是个木匠，做的箱子柜子在方圆几十里内卖得最好。后来他问舅舅，那么多木匠，为什么大家都说你做的柜子好？舅舅告诉他：因为别人打一个柜子用三天时间，我用六天。

别人三天就可以做到的事，他却要用六天，看起来有点笨，但恰恰是这种“笨”，让他成了人们心中最好的木匠。

国学大师钱穆曾说：“古往今来有大成就者，诀窍无他，都是能人肯下笨劲。”

现世浮躁，在快餐式成功学的诱导下，太多的人想走捷径。

学一个月写作，就想成为作家；上几天班，就惦记升职加薪；啥也不会，就想做网红，一夜赚够几辈子花不完的钱……

也确实有些人，靠着投机取巧，风光一时。但是，这样的成功就像空中楼阁，一有风吹草动就垮掉，害人害己。

曾国藩云："天道忌巧。"做人做事，不走捷径不取巧，才能有所成就。

有些路看似捷径，走得轻松，但往往暗藏着陷阱。

有一次，我和几个朋友跟着"驴友团"去爬野山。花了两个多小时到达山顶时，发现下山的路有两条：一条是继续向前走，绕一个圈慢慢走下去，坡度比较缓，好走但是比较远；一条是直接顺着山脊下去，是最短的路。

对于走哪条路下山，大家发生了分歧。有人建议抄近路，虽然有点陡峭，但可以节省40多分钟时间。有人觉得，近路没有人走过，又危险，不如绕一下。最终，几十个人分成了两组下山。

下午一点半，我们绕路走这一组已经到了山下，而直到三点，抄近路的那一组才下来，还有几个人划破了腿脚。

很多时候，走捷径反而会步步维艰，欲速不达。

不论做人还是做事，想走捷径，最后吃亏的往往是自己。

人生道路上，不走捷径，便是捷径。

世上所有的成功，都来自于脚踏实地、埋头苦干。那些光彩熠熠，是由无数汗水和努力积累而成的。

（2）不凑热闹

生活中，很多人喜欢凑热闹。

马路上、菜市场里发生了点什么，立刻就有一大群人围观；网络上，一个新闻事件爆出来，评论区的吃瓜群众便忙得不亦乐乎；单位里有点风吹草动，各种八卦便满天飞……自己的日子过得一地鸡毛，却又为不相干的人和事操碎了心。

对上述现象，李笑来曾有过精辟总结：“人生在世，有三大坑，这世上 99.99% 的人都在里面。第一个大坑：莫名其妙地凑热闹。第二个大坑：心急火燎地随大流。第三个大坑：操碎了别人的心肝。”

偶尔聊个八卦，看个热闹，不愤世嫉俗、落井下石，也无伤大雅，怕的是天长日久，人云亦云，失去了思考能力和做事的定力。

那些真正聪明的人，早就远离了无谓的热闹，不跟风，不盲动，专心做好自己的事情。

我的老家，是个远近闻名的“家具之乡”，十年前，各种品类风格的实木家具远销全国。但是，随着各地家具市场的兴起，竞争越来越激烈，不少家具厂逐渐没落。每次回老家和家人闲聊时，总能听到某个辉煌一时的企业倒闭的消息。

唯有一家企业，业务却越做越好。他们家多年来不做家具，只做与家具相关的一切配饰，包括床垫、抱枕、脚凳等，周遭的家具厂都来他们家进货。近两年，网络直播带货兴起，他们家开了直播，销售额更是呈几何式增长。

有一次，我去他们家选抱枕，问老板他的成功之道是什么。他笑着说："不扎堆儿。"

绝大多数时候，扎堆从众是人们求发展、避风险的最简单选择，但也往往是"泯然众人"的开始。而那些立足实际、独辟蹊径的人，往往能走到最后。

看过一段话，特别赞同："越是不确定的年代，我们就越需要定力，就越要把时间和精力放到自己身上，放在自己的成长上。唯有当我们专注于自己，而非他人，我们才会真正地开始成就卓越。"

人的时间和精力是有限的，从今天开始，远离那些热闹，认准一个目标，踏踏实实做下去。

（3）不求完美

凡事追求完美，看似是件好事，但是过于执着，往往会适得其反。

表妹今年31岁，依然单身。从研究生毕业参加工作开始，她见过的男孩子有20几个，但没一个符合她的完美伴侣要求：有学历的，没房子；有房子的，外表不够帅气；帅气的，赚钱不够多……

世界上没有一个人，能占尽所有的优势。

金庸笔下的郭靖，忠厚老实，甚至有点木讷，跟着母亲在大漠放羊，家境贫寒，却得到了聪敏慧黠的黄蓉青睐。

黄蓉是桃花岛岛主的女儿，才貌双全，武功高强。两人怎么看都不般配，却比翼双飞，白头偕老。

一个人过分追求完美，往往失去很多机会，自己也精疲力竭。

感情如此，做人做事也是一样。

我认识一位朋友，她的形象和口才都很好，半年前她告诉我，准备做短视频创业。但是，直到上周，她也没有发布一条视频。

问她原因，她说：感觉自己不专业，拍出来的视频的色彩和角度总是不尽如人意，怕别人笑话，就一直在犹豫。

我说你先开始呀，边做边学。

她又担心讲的内容别人没兴趣怎么办，万一没有人点赞和关注怎么办。

追求完美的性格，让她有太多的顾虑和担心，最终束缚了她的发展。

生活中，有太多的人败在过于追求完美的路上。其实，真正厉害的人从来不苛求完美，他们允许自己失败，允许自己出丑，允许自己试错，也接受别人的不完美。

事实上，真正厉害的人往往并不完美。如刘备爱流泪，苏轼一直被流放、颠沛流离，曾国藩笨得连小偷都嫌弃……

正确的态度是，凡事尽量做到最好，若力有不逮，有些缺憾，也不必耿耿于怀。

当一个人不过分追求完美时，一切都变得完美起来了。

人这一生，踏实做事，不走捷径，才能走得更顺；保持定力，不盲目跟风，才能走得更稳；不苛求完美，悦纳缺憾，才能走得更远。

一个人如何活得淡定从容？

有一次，我去糯米的花店闲坐喝茶，正赶上她之前的一位女同事也在。

女同事羡慕地对糯米说：“还是你有远见啊，现在可以守着花店喝喝茶就把钱赚了，你看看我，每天披星戴月，还挣不了几个钱……”

她俩曾同在我们当地的一家油企工作。最近，企业新上了一批设备，办公也进一步科技化，一下子闲置下来大批职工，这些人大部分还不到退休年龄。

为了安置这些闲置职工，厂里便联系收购了郊区的一家小企业，让闲置下来的职工去那边工作，如果不去，就要每月给厂里交一部分钱，这样才能确保退休后可以领到退休金。

他们以前的工作很轻松，上一天休一天，离家近，福利又好。大部分人早已经习惯了这样闲适的生活，忽然要去十几公里外的企业上班，又没有班车，都有点不适应，可又无可奈何。

而糯米从小就喜欢花花草草，早在十多年前就用业余时间开了一间小花店。那时候，鲜花在小城并不流行，赚不了几个钱，但是，她乐在其中。时光流转，小店渐渐有了客源。因为花店，糯米结识了很多志趣相投的朋友，朋友们经常来店里喝茶聊天，其乐融融。

如今，花店已经在当地很有名气，收入早就超过了糯米的薪水。所以，糯米在厂里的改制政策出来后，一点儿也不慌张，当即决定按月给单位交钱，自己全心经营花店。

有一句话说得好：这个世界上，唯一不变的就是变化。互联网时代，科技日新月异，带来的变化更是难以预料，数码相机干掉柯达胶卷、电商打败实体店的事情每天都在发生。

每个人这一生，大概都要换不同的职业和单位，即使进了世界 500 强企业，也不能保证就在那里干一辈子。既然我们无法掌控世界的变化，那就试着学会顺应变化，寻找人生的彩蛋，从而过好自己的一生吧。

什么是人生的彩蛋呢？就是对现实生活的热爱，以及为之而奋斗的精彩。

生活中的彩蛋就是兴致勃勃的热爱，而不是急功近利的追求。

我因为写公众号，认识了很多想要通过写作改变生活的朋友。隔三岔五，便会看到写作群里有人焦虑地发布消息：

“我已经写了三个月了，投稿一篇也没过，我同学都出了爆文了！”

“上了好几个培训班，我还是不知道写啥。各位大神，请给点指点！”

“我几个朋友写作都月入过万了，我还是入不敷出……”

写作，是个集腋成裘、滴水穿石的细功夫，绝不是一朝一夕就可以妙笔生花的事情。有句话说得特别好：“你不能一夜读成林徽因。”

任何成就都是长期努力的结果。正如一位作家所说：“努力的时间积累，最小的计量单位是三年。”

李尚龙的《你只是看起来很努力》这本书销售超过百万册，他一下子成为畅销书作家。

在一次采访中，有个人问他：“是谁带你进写作圈的？”

李尚龙回答：“没有人。”

那个人很惊讶：“你才写了一年就成名了，怎么可能没人带？”

其实，李尚龙在成名之前每天都坚持写，写满了一个硬盘，写坏了几个键盘，写满了十多个笔记本，用完了几十桶笔，经历过投稿被嘲笑的失落、坐在电脑前写不出字的纠结，以及遭受网络暴力时的无奈……

人的一生之中，乐趣、痛苦会依次向你走来，如果想让自己立于不败之地，活得从容淡定，就要像马未都说的那样，给自己定这样一个目标：

在生活中不断地修正自己，以期适应这个社会的变化。

前阵子，有个我在参加心理咨询师培训时认识的女孩小洛告诉我，她和前夫复婚了。

他们是大学同学，毕业后，为了支持丈夫创业，小洛渐渐收缩了自己努力打拼出来的天地，换了一份朝九晚五的工作，相夫教子。有一次我去她家里玩，真的是木器见原色，铁器放光芒，一尘不染。

几年后，丈夫的事业渐渐做大，小洛的厨艺日渐精进。

然后就是老套的“第三者”出现，老公心猿意马，不愿意再回家，后来竟然向小洛提出分居，让彼此认真考虑一下婚姻是否继续下去，之后就搬了出去。

面对丈夫的变心，小洛一下子成了罗子君。虽然身边没有贺涵和唐晶这样的人生导师和闺密，但是，她迅速调整好自己，带着女儿开始新的生活，不纠缠，不哭闹。

在工作之余，小洛参加了心理咨询师培训，在学习中疗愈了自己，然后，加盟了一个心理咨询室，开始创业。

一年后，丈夫开始有意无意地在接女儿过周末时来她这里蹭饭，一边吃，一边回忆她做的那些好吃的饭菜，而且通过女儿，多次表达了想继续吃小洛做的饭菜的愿望。

小洛心里明白，但是没有立刻表态。直到七夕那天，他带着大束玫瑰找到小洛的工作室，向她负荆请罪，说自己以前是鬼迷心窍，请小洛原谅他，给他一个机会。

在丈夫几次深刻忏悔后，小洛决定给他“留用察看”的机会。丈夫回到窗明几净的家里，闻着厨房里饭菜的香味，动情地说：“这才是家的感觉。”

小洛对我说：“我的厨艺和爱干净，竟然成了让丈夫回归家庭的‘彩蛋’。”

也许，在很多人看来，保持一个干净整洁的家和会几道拿手的菜，不足为奇，但是，那里面藏着一个女人对家庭的付出和对生活的热爱，这样的女人，值得有人爱。

我所在的小区门口开了一家饭店，特色是机器人送菜。

当我兴奋地告诉闺密老顾时，老顾淡淡地说，她老公供职的医院都有机器人服务了，一天可以接待六七百人，真正的一个顶十个，还从来不摆脸子、使脾气。然后她叹口气道：“唉，不知道哪天，我们就都失业了！”

虽然是句玩笑话，但是我们几个人心里一凛。想起一首歌：“不是我不明白，这世界变化太快。”

可是，无论世界如何变化，那些热爱生活、懂得为自己埋彩蛋的人，最终都不会太差！

这个彩蛋，会在有意无意之间给我们惊喜。有时候，是有意改变命运的不懈努力；有时候是一个爱好，例如写作；有时候是一项才艺，例如音乐、舞蹈或一手好厨艺；有时候，则是好人品积累的信任……

请你在自己的生活里多埋几颗彩蛋吧，这样，当风雨来临时，才能从容拿出那把伞，为自己挡风遮雨，让自己始终保持平静喜悦。

Part Three

不认命，才能尽兴

不认命，

是普通人的盔甲。

穿着它，满怀期待，披荆斩棘，一路前行，

也许会遍体鳞伤，

但每一次伤口愈合，都会让你变得更强。

人生没有白走的路、白受的伤。

很多时候，那些看起来很成功的人，不过是比别人多经历了一些挫折和失败。

想想五年后、十年后自己想要的生活，

这就是我们努力的理由。

上半生不认命，

下半生才能尽兴。

优雅，
就是努力生活之后的从容

在网上看过一个问答，问题是："什么是优雅？"有一个答案我特别赞同："优雅是女人由内而外散发出的一种高贵气质，来自后天的修炼。一个漂亮的女人不一定是优雅的，但一个优雅的女人一定是迷人的。"

电视剧《流金岁月》里，蒋南孙的奶奶一出场，优雅高贵的气质令无数人折服。她的扮演者吴彦姝，也成为众多人心目中的"国民奶奶"。

今年，吴彦姝已经 84 岁了。在很多人的观念中，84 岁高龄早已与美丽划清了界限，然而，吴彦姝的一举一动都有着令人羡慕的优雅得体，一颦一笑间还闪着少女般的灵动。

吴彦姝老人的女儿说过："我妈越老越好看，小时候不觉得，生活点点滴滴积累，量变引起质变。"

漂亮是天生的，会随着岁月而流逝，优雅，却是在岁月中沉淀下来的气质，愈久弥香。

吴彦姝出生于一个优渥的家庭，还是家里的独生女，但父母对她的教育非常严格，从站姿、吃饭规矩到说话的语气神态，都经过母亲的无数次修正和打磨。

成为演员后，无论是饰演主角还是配角，她都认真对待。除了揣摩角色，她还主动去体验生活；为了更好地体会角色，看剧本时，她不仅看自己的台词，还会背下搭戏演员的台词；为了让台词更切合人物，她还曾主动学习粤语。

尽管如此努力，但进入影视行业几十年，直到退休，她也没有大红大紫。但她不愠不恼，每天坚持练平板支撑，保持身材，偶尔还打篮球锻炼身体，兴致好时，还能练一字马。业余时间，她照顾家人、学插花、练瑜伽，淡定从容。

有句话说得好：“你的气质里，藏着你走过的路、读过的书和爱过的人。”优雅气质的养成绝非一日之功，而是自律和阅历滋养出来的动人风采。

几年前，我去一家杂志社参加笔会，女社长一登台就惊艳全场。之前，因为她的名字特别男性化，文风幽默犀利，我一直以为是位中年大叔，没想到是位知性女子。

女社长已经 47 岁了，但身材苗条、脊背挺拔，淡淡的妆容配上合体的米色套裙，说起话来温柔有力，有一种说不出的优雅从容。

邻座一位作者悄悄说："要是我老了能像她那样，还怕什么老啊！"这也是我的心里话。

会议结束的时候，我加了她的微信，才慢慢了解到，其实，她是偏远农村走出来的苦孩子，父亲是矿工，母亲是家庭妇女，但是父母重视教育，两个女儿都读了大学。

她刚开始到杂志社报到的时候，还穿着母亲自己做的衣服和布鞋，因此被同事嘲笑。但是，她咬牙慢慢走过来，日子渐渐风生水起。二十多年过去了，她把自己打磨成了温润的玉，温暖却有骨骼。

她说，她每周都去一个读书沙龙，每天坚持跑步、健身，每晚坚持读一个小时的书。那时候，她整个人看起来只有 30 多岁的样子，身上甚至有股少女的气质。但是，我能看出杂志社里的编辑们都很敬重她，甚至有点怕她。

我们熟悉了之后，有一次我问她，她是气质那么优雅、说话都不发高声的人，怎么让大家敬服。

她说："你看到的从容优雅，是跌了无数跟头、撞过无数南墙、扛过无数委屈之后，慢慢历练出来的。"尝遍生活的滋味，无忧无惧，会有一种无形的力量。

很多时候，优雅不仅仅是一种美好的气质，更是生活淬炼出来的智慧。

优雅的女人，一定是美丽的，而美丽的女人，只有突破皮囊的禁锢，破茧成蝶，才能拥有一种成熟的优雅。

现实中，很多女孩子都希望走捷径，凭借年轻貌美，找一个让自己衣食无忧的男人，听到一句“我养你”就满心欢喜嫁了过去，其实，这是最靠不住的。

恋爱时的甜言蜜语听听就算了，真正柴米油盐过起日子来，优秀男人大多会选择一个跟自己合拍、对自己有帮助的女人，而不是一个徒有外表、别无所长的女人。

电视剧《我的前半生》里，养尊处优的全职太太罗子君很漂亮，但最终相貌平平的凌玲却挤掉了她上位，就是这个道理。

一开始，罗子君想不明白，痛哭流涕。贺涵对罗子君说：“你已经不年轻了，不能再靠刷脸去坐人生的摆渡船了，为了你的下一次恋爱、下一次婚姻、下一份工作，你要做个有用的人……”

美貌是个消耗品，没有人能永远年轻漂亮，而气质，却会随着年龄的增长渐渐散发出动人的光芒。

后来，罗子君在贺涵和闺密唐晶的帮助下振作起来，凭借不懈努力成了职场精英，得到了上司 MISS 吴的首肯和赞赏。蜕变后的罗子君，身上也有了一种干练、优雅的气质，再和闺密唐晶站到一起，没有了那种雅和俗的天壤之别，连前夫看她的眼神都变了。

重新站立起来的罗子君一步步实现了自我的成长，破解成蝶，既能照顾好孩子，还能资助母亲和妹妹一家人。她的气质越来越好，以致眼光苛刻的贺涵都被她吸引了。

不是所有优雅的女人都有成功的事业，但所有成功的女人，一定都散发着优雅与从容，如一束温和明亮的光，吸引靠近她的人。

有人说过，优雅是一个女人最高级的美。它不是靠昂贵的衣服、精致的妆容得到的，它是一个人知识、阅历、能力、情感、审美的综合表现。

因为书籍与阅历的滋养，优雅的女人也是懂爱的女人，她爱丈夫、爱孩子、爱朋友、爱工作，也懂得关爱自己。

她会在下班时，随手买一束鲜花带回家，让家更加温馨甜美。

她会在连续的加班工作之后，给自己买一件小礼物，奖励自己的努力。

她有闺密，一起聚会、旅行，享受友谊的滋养。

她会在某个轻松的周末，去书店静静地看一会儿书，回忆大学时光……

放眼四周，一个漂亮的女人不一定优雅，而一个优雅的女人，举手投足间却总能散发出一种迷人的气质。

时装界的传奇人物香奈儿曾经说过："希望你 60 岁走在大街上时还有小青年向你吹口哨，你挥动优雅的玉手告诉他：衰仔，我是你奶奶。"

愿每个女人都活成自己喜欢的样子。

千万不要小瞧那个“穷讲究”的人

去年春节，我去朋友桃子家做客时，桃子正送一位大学生模样的男生出门。事后桃子对我说，那是她资助的一位贫困学生，去年考上了大学。

闲聊中，桃子感慨地说，她资助的几个孩子都很有出息。我笑她道，专挑成绩好的资助，当然不会差。

桃子摇摇头说，这些年，她跟着所在的慈善团体，见过很多贫困人家，知道哪些孩子会有出息，即使考不上大学。

原来，每确定资助一个孩子之前，桃子都会亲自去孩子的家里看看。

一次，她去一个贫困家庭，赶上下大雨，被主人留下吃饭。吃饭的时候，桃子看到没洗净的油腻碗盘和粘着饭粒的筷子，打算用开水洗烫一下。女主人尴尬地说：“我们家太穷了，没法讲究人多。”

桃子一愣，没说什么。她想起自己刚去过的另外一家，比这家看起来更穷，但是家里收拾得干干净净，简单的家具擦拭得一尘不染，院子里种着一畦青菜、一棵桃树，花开灿烂，衬得墙皮脱落的老屋子有种说不出的生气。

桃子说，人们往往有一种错误认识，把贫穷和邋遢将就画上等号，认为有钱才能讲究，没钱就马虎凑合。

其实，讲究跟穷富没太大关系，很大程度上，取决于一个人的性格和对生活的态度。

一个在困顿生活中还能收拾得整洁干净的家庭，一定是有一股努力向好的劲儿的。所以，这些年，她总是选择那些清贫但整洁的家庭的孩子作为资助对象，事实也一再证明了她的正确。

那些受她资助的孩子，有的考上了一流大学，有的学习一般，高中毕业读了职业学院，但是，他们都很上进，家里的日子也越来越好。

我大学毕业实习时认识了一位小姐姐，名叫小满。

实习单位的人对我们几个实习生都很友好，经常趁周末请我们去他们家里吃饭。实习地是个全国闻名的蔬菜基地，经济比较发达，单位同事的家庭条件大都不错，有的还住别墅。

小满姐家在农村，她一个人在单位附近租房住，也经常和我们一起受邀去同事家吃饭。

几个月后，我们的实习快要结束，小满姐邀请我们和几个单位的大姐去她家吃饭。房子是老式楼房，外观已经很破旧，小满姐租住的房子只有60多平方米，客厅很小，但是她收拾得窗明几净，朝阳的窗台上养了几盆绿萝，客厅的小餐桌上有个插着野花的玻璃瓶，房间里有淡淡的香皂味道……

饭菜很简单，除了一条红烧鱼和一只炖鸡，其余都是青菜，但是都很可口，尤其是一盘酸辣黄瓜，去皮切了条，整齐地摆在一个长条白盘子里，上面淋了红油辣椒……多年以后，我还记得那爽心的样子和味道。

从小满姐家出来后，我禁不住夸赞。一位大姐却不以为然地来了句："穷讲究。"我一愣，却觉得，在现有的条件下，把生活过得精致有情调，这种"穷讲究"值得尊敬。

"穷讲究"体现的是一个人的外在追求，以及蕴藏的内在品位，不是没钱还要过奢侈的生活，而是一种乐观向上的心境，是一种对美好生活的执着追求。喜欢"穷讲究"的人很清楚自己想要什么，想要过哪一种生活，并为之不懈努力。

多年以后，小满姐已经是职场精英。去年我旅行途中路过她所在的城市，去了她家：大大的房屋，简约中式装修，透着精致与优雅。

那些能在贫穷中把日子打理得井井有条的人，运气都不会太差！

其实，一个人过得好不好，有时候是因为没钱，大多数时候，是因为不用心。

前几年，我们这里有一个老汉买彩票中了大奖，便在城里最好的小区买了三套房，分别给两个儿子和自己住，余下的钱，还有几百万。

有一天，我陪一个记者朋友上门去采访。家里装修得很豪华，家具也看得出很昂贵，但是，感觉却不舒服：面粉袋子、鸡蛋筐子和青菜就堆在客厅的餐桌下；茶几上落了一层灰；孩子的玩具散落了一地；有一间屋子里正在打麻将，呛人的烟味里夹杂着孩子的哭声……

男主人被催着打牌，三言两语后就把我们打发了出来。

很多时候，有钱没钱并不能决定生活品质的高低。住在这样杂乱喧嚣的豪宅里，倒不如住在干净整洁的小房子感觉亮堂。这让我想起一句话：“穷，是泛指一切条件的，并不仅仅是经济条件。心穷，比经济上的困顿更可怕。”

现如今，普通人家也大多有一两套住房，经济条件差不多，但是，去到每个人的家里，生活的品质立见分晓：

有的家里虽然家具素朴，但是木器见原色，铁器放光芒，让人舒服；有的家里则杂乱拥堵，灰尘满桌，让人不想多待。

在解决了基本的衣食住行之后，人们更注重生活品质。但是，大多数人会有一个误区，认为只有用贵的东西，才算得上讲究，因此一掷千金，甚至用奢靡铺张来彰显自己的品位。

其实，真正能彰显生活品质的，是一个人的生活态度和修养。无论穷富，都能把日子过好，最重要的不是银行卡里的余额，而是热爱生活的能力和信心。

想起我小的时候，隔壁刘阿姨家有6个孩子，还有年迈的公公要奉养。

大多数人家的日子捉襟见肘，能吃饱穿暖就不错了，大院里的孩子们经常穿着短了一截的裤子、打了补丁的衬衣，也经常有妹妹穿哥哥剩下的衣服，弟弟穿着姐姐穿旧了的棉袄。

但是，孩子最多的刘阿姨家，每个孩子都穿得干净得体，即使衣服上打着补丁，也是同色系的布料，走线细密整齐。

我最喜欢去她家玩，因为她家干净亮堂，还有刘阿姨亲手做的木头枪、九连环、积木等玩具。

我常常惊叹刘阿姨家的一切，也悄悄问过刘阿姨的女儿小卉，为啥她妈妈的手那么巧。

小卉说，她妈妈常说的一句话是，日子无论穷富，都要过得有滋有味。

一句话，体现了刘阿姨的人生态度和生活艺术，困顿的生活也变得轻松愉悦了许多。

多年以后，她家六个孩子，五个读了大学、一个经商，成了从老家属院走出去的人中最成功的人家。

现实往往是残酷的，有时候我们不得不妥协和让步，但也不能一直将就。我们得为自己的未来负责，得自己尊重自己，把简单的生活过得有滋有味。

在生活中，我们经常听到评价一个人说“某某是个讲究人”，这是对一个人的肯定，而一旦有人说“谁谁爱穷讲究”时，“讲究”就变成了贬义。

其实，讲究是一种人生态度，无论穷富。喜欢穷讲究的人，不会轻易向现实生活低头，他们活得真实自然、自由畅快。穷还讲究、不邋遢马虎的人更值得尊敬，因为他们才是生活的赢家。

比讨人喜欢更重要的，是令人尊重

有位读者在后台留言说：她参加工作快两年了，尽管平时处处谨慎，但是无论她做什么，怎么做，总有那么几个同事不喜欢自己，甚至在背后说自己坏话，不知道怎么才能让大家都喜欢自己。

看着这个留言，忽然想起心理学上有个词儿，叫“条件自尊”，是指依赖他人的肯定和表扬而产生的自尊。

当事人往往并不了解自我的需要，而是通过他人的目光来看待自己。一旦别人不肯定自己，就会开始自我怀疑，产生无能感。

我告诉她，不必太在意这些，喜欢不喜欢，是小孩子的评价标准，成年人的游戏规则是尊重和欣赏。

小孩子嘟个嘴卖个萌，甚至笑一笑，就会赢得大人的喜欢，哪怕你做错事，撒个娇就万事大吉。但是，长大后，游戏规则就变了，尤其在职场，即使你一点错也没有，别人也未必喜欢你。

成年人的世界，比让人喜欢更重要的，是获得尊重。

喜欢不喜欢，主动权往往在对方手里，而尊重，则是需要用实力赢得的，主动权在自己手里。

能讨人喜欢，只是人生初级阶段，能获得尊重和欣赏，才是成年人的处事方式。

电视剧《都挺好》中，苏明玉从小不被父母和二哥待见，却靠着胼手胝足的打拼，成为职场女高管。

虽然她由于成长环境的原因，性格有些冷，处事方式也不按常理出牌，但是，她在单位、社会和家庭却都赢得了大家的尊重。

她在单位可以“收拾”蒙总妻子的弟弟，蒙总的妻子最终只能求她高抬贵手；她带父亲去吃西餐，餐厅经理亲自接待；她帮弟媳妇恢复工作还升了职，弟媳妈妈夸她“虽然看起来冷，其实是热心肠”……

这些人，不一定都喜欢苏明玉，但他们却都尊重她，因为她有能力。

整部剧看下来，没见她去讨好任何人，却一次次帮父亲、哥哥、弟媳甚至同事解决了各种麻烦。

试想一下，在苏明玉和大嫂、二嫂之间，你最喜欢谁？估计大多数人会选苏明玉。不是因为她性格好，讨人喜欢，而是因为她令人信赖的品性和解决问题的能力。

一个人想赢得尊重，除了人品靠谱，还得让自己不断升级迭代，有价值。

然而，想做一个受人尊敬，有价值的人，并不简单。

因为人生有无数道坎，跨过去了是门，跨不过去，就是槛。一开始，大家都朝着前方走，渐渐地，就有人被挡在了途中，停滞不前。

那些继续前行的人，要翻山越岭，披荆斩棘，还要独自穿过一段段黑暗、悠长的隧道。那时，没有人为你领路，也没有人给你光亮，你只能硬着头皮往前走，不能停下，更不能回头，直到走到隧道的尽头，走进光明里。

林语堂先生讲过一句话："为什么世界上 95% 的人都不成功，而只有 5% 的人成功？因为在 95% 的人的脑海里，只有三个字：不可能。"这些人面对生活的一次次考验，总觉得自己不可能坚持到最后，干脆放弃。

这和智商无关。很多人之所以成功，并不是因为智力超群，而是因为咬紧牙关，数十年如一日地努力坚持。

我认识一位女作者，她出身农村，师范学校毕业后，被分配到一个乡镇教语文。教课之余，她开始写文章，先是给报纸投稿，后来给杂志投稿。一开始总是被拒稿，单位的同事就开始说风凉话，后来慢慢发表得多了，又有同事向领导打小报告说她不安心工作……

后来，她带的班级，语文成绩总是遥遥领先，很多学生想托关系进她的班，于是，她在学校被彻底孤立了。

但她不为所动，索性屏蔽了各种不必要的社交，埋头写作。几年后，她的稿费达到了工资的三倍。

纸媒最红火的时候，她一个月曾经在十几家杂志发表稿件，一年的稿费就超过了十万！

这背后的代价是，她每天要早起1个小时，晚睡2个小时，读书、写作，雷打不动，即使母亲生病住院，她也在病房里用手机敲稿子。

2014年，她把握住了自媒体风口，开了自己的公众号，迅速积累了几十万粉丝。当地领导由此发现了她，把她调到了县教育局工作。

原来那些讽刺挖苦她的同事态度大变，热情洋溢得让她不认识了。

在成年人的世界，尊重是用实力获得的。

要获得别人的尊重，除了自己不断努力、升级迭代，还要做到以下几点：

自尊自爱：每个人来到这个世界，都是独一无二的。或许我们出身普通，相貌平凡，但是，只要不放弃自己，爱惜自己的生活，努力向好，就不用讨好任何人。

尊重他人：无论对方贫富贵贱，哪怕与我们选择不同、道路不同，只要没做伤天害理之事，我们就要学会与之求同存异，尊重其生活方式。

与优秀的人为伍：一个人走得快，但一群人走得更远。很多时候，与优秀的人在一起，自己也可以变得更优秀。

愿你被人喜欢，也令人尊重。

前半生有“不合群”的勇气，后半生才有“不慌张”的底气

自从我写公众号开始，后台经常会收到读者的各种留言求助。

有一天，一位叫小末的读者向我说了他的困惑。他是“00后”，今年读大一，普通本科大学，宿舍里六个人，除了一个人独来独往，其余包括他在内的五个人都嘻嘻哈哈地打成一片。

但是，他跟那四个舍友相处得并不开心。他不喜欢打篮球，不喜欢喝啤酒打通宵游戏，不喜欢什么东西都不分你我……可是他又怕不和大家在一起，会被认为不合群。

他说，自己其实挺羡慕那个独来独往的舍友。那个舍友每天学英语，准备将来出国留学。可是宿舍里其他同学都在背地里笑话他，不怎么和他玩。

小末喜欢读书，尤其是哲学、历史类书籍。有一次他借了一本黑格尔的书，被舍友看见。舍友一边说“别装了”，一边从他手里抽出书扔在一边，然后拉着他去打球。

小末在进大学前，父母千叮咛万嘱咐，让他一定要合群，和同学们搞好关系，不要特立独行……所以，他在合群与不合群之间纠结，不知道该怎么做。

小末的困惑，我想很多人都有过。其实，年轻的时候，真的不要刻意去让自己合群，而应该努力让自己离梦想更近。

作家林清玄曾说过："一个人年轻时的愿望往往决定他的人生。你出生在怎样的家庭，拥有怎样的物质条件，这些都不重要，重要的是内心有没有强大的愿望和为实现它而努力的决心。"

人这一辈子想要过上自己理想的生活，不是靠合群得来的，而是靠把时间花到知识迭代和自身跃迁上，努力得来的。

我想起了自己的大学经历。那时候，宿舍里八个人，刚从高考的重压下解脱出来，毕业后学校还包分配，只要不挂科，不出"幺蛾子"，就等于手握"铁饭碗"了。所以，一群人撒开欢儿地玩，爬山逛街打扑克，弥补高中时头悬梁锥刺股遭受的折磨。

只有阿楠除外，她天天泡图书馆，起初我们以为她喜欢看小说，后来发现她在学英语，准备考四级。我第一次听说还有这样的考试。我们几个人讨论后都觉得，反正以后的工作也见不到几个外国人，这个考试没啥用，于是继续玩自己的，阿楠则继续坚持独来独往地学习。

大一过后，她考过了英语四级。那时候，英语四级不像今天这么普及，整个学校也只有三四个人考过。

班主任来来回回共表扬了她十几遍，然后语重心长地教育我们，不要以为上了大学就进了“保险柜”，整天混日子，要有点理想和追求，像阿楠那样。

我们有点羡慕，也有点嫉妒，但过后却继续玩儿。

阿楠越来越不合群。我们只见她早出晚归，两头不见人，不知道她在忙啥。直到毕业前夕才知道，她放弃了留校机会，考上了北京一所大学的研究生。

研究生毕业后，她进了跨国公司，在全世界飞来飞去。她的视野是整个世界，而我们几个，散落到全省各地，在小城里过着朝九晚五的生活。

多年以后，同学聚会时说起阿楠来，几个人都感慨道：“要是当初我们也和阿楠一样努力学习，会不会也早就成了中产阶级了？”

很多时候，我们的认知限定了我们的选择，惰性战胜了勤奋。那些看起来有点不合群、特立独行的人，清醒地知道自己要什么、为了这个目标自己要付出什么，然后以苦行僧般的自律，日复一日地往自己人生的“储钱罐”中投“硬币”，终于有一天，他们可以大大方方地享受自

己的“积蓄”，过上自己想要的生活。

正如作家雾满拦江所说，“前半生，你有足够的时间去积累人生的厚度；后半生，才能创造人生的高度”。

那些看起来不合群的人，往往有自己的特长，他们不愿意人云亦云、随波逐流，甚至因此遭遇不公平的待遇。但扛过去，熬过人生的灰暗时刻，找到属于自己的路，就能破茧成蝶。

作家三毛小时候是个性格孤僻、不合群的孩子。她数学不好，却有一次考了满分，老师怀疑她作弊，用墨汁在她的脸上画了两个代表零分的大圈。同学们嘲笑她，她哭着回家，然后便常常逃课，最终选择了退学。

她在家中接受教育，爱好文学的她，10 岁就读完了《红楼梦》，19 岁在文学杂志上发表了第一篇作品《惑》，此后走上写作道路，成为知名作家。她的作品和经历感动了无数人。

《奇葩说》有一期的辩题是：“我不合群，我要改吗？”

其中一位辩手的回答给我的印象特别深刻：“不要改。因为俄罗斯方块告诉我们：你合群了，你就消失了。”

当一个人太在乎合群，就会戴着面具生活，从而失去很多原本属于自己的东西，包括时间、精力和快乐。

其实，真正让一个人显得优秀的，往往是他与众不同的某个特点。

一个人要想成为自己喜欢的样子，过自己想要的生活，就要付出相应的代价，包括看起来不那么合群，忍受一个人来来去去的孤单和极少的娱乐活动。

一辈子不长，选择适合自己的生活方式，不必用刻意合群困住自己。无数事实证明，低质量合群不如高质量独处。

当我们不再为了合群而合群，不再为了迎合别人而委屈求全，不再为了讨好别人而一味付出，我们才有足够的时间花在自己的身上，才能不断精进，快速成长。

年轻时，我们往往因为害怕不合群，害怕与众不同，害怕被排挤，而努力压抑自己，随波逐流；长大后，我们才知道，有些不合群是人生最美的姿态。

美国原国务卿查尔斯·埃文斯·休斯曾经说过：“当我们失去变得与众不同的权利，我们就失去了自由的权利。”自由，是从容生活的能力和底气。

我的表妹青果大学毕业后，考到了老家的一个单位做公务员。很快，她觉得自己和单位里的人格格不入。

她工作认真积极一点，有人说她有野心；她穿得时尚一点，有人说她博眼球；她闲时看看书，又有人说她装风雅……总之，无论她做什么，总有人恶意满满地去揣测、诋毁她。

单位里有几个女同事，天天八卦各种小道消息，说起别人的事情，比当事人还明白，要不就是商量着怎么智斗婆婆，她想躲得远一点，又有人说她不合群。

青果也曾经试着努力合群一些，无奈气场不和，始终无法融入她们。后来青果去讨教一位同样看起来不合群的女领导。

那位大姐笑着说："你又不是人民币，干吗指望所有的人都喜欢你？无论你做得多好，有欣赏你的，就一定有讨厌你的，有真心帮你的，就一定有背后使坏的，这就是职场生态啊。与其纠结这些，不如趁年轻努力学习、强大自己，争取到一个更开阔的环境去发展。那里的人的素质和格局都会更高一些，也许更适合你。"

几年后，青果通过遴选去了省城工作。

青果说，虽然工作更累了，自己租房子住，也不如在老家舒适，但是，心情更好了，同事之间更容易相处，大家各自忙碌，偶尔聚餐，亲密有间，特别舒服。

有些时候，与环境无法融合，不是你的问题，而是环境的问题。单

纯为了合群而去努力讨好周围的人，除了学会苟同，不会有深刻的东西。试着跳出去，也许会看到不一样的天空。

当然，在这之前，你得有不合群的勇气。你或许要吃很多苦，经历很多磨炼，才能在你人生的下半场，拥有“不慌张”的底气，最终站到你能达到的最高点，实现自己的梦想。

最好的人生，是活出无限可能

朋友阿朵是一名小学老师，人到中年，依然朝气蓬勃，对什么事都充满热情。

说起原因，她有点得意：每天和一群孩子在一起，他们的梦想天马行空，自己也觉得人生有无限可能。

想起小时候写作文《我的梦想》，全班几十个同学，梦想各式各样，从科学家、飞行员到歌唱家，每个梦想都闪着光芒。

当我们渐渐长大，那些曾经的梦想，从什么时候开始消失在生活里了呢?

和同事们聊起来，几个人不约而同地说：现在压力多大啊，能活着就不容易，哪还敢有什么梦想啊!

其实，压力自古就有，每个时代的人都有，只是承载的压力不同而已。以前，人们为了一家人的温饱奔波；如今，人们为了更好的生活打拼。

考研考不上、工作被裁员、房贷车贷不知哪年才能还完……每个人都有自己的烦恼。

人生就是一个修行场，越是有压力，越要给自己希望，努力去尝试、争取，不给自己的人生设限。不设限的人生，才有无限可能。

岳云鹏做过保安、服务员，现在是上过六次春晚的知名相声演员；刘慈欣本是电厂工程师，却写出了轰动科幻界的小说《三体》；罗振宇曾是央视主持人，中年辞职创业，成为热门公众号罗辑思维的创始人……

在自己漫长又短暂的一生中，每个人都可以尝试无限种可能。如此，当你站在人生的辽阔之处回首，你会感恩带着勇气一路披荆斩棘、义无反顾的自己。哪怕最终只能做一个平凡的过客，你这一生也是心安理得度过的。

作家黄碧云说过："如果有一天，我们淹没在人潮之中，庸碌一生，那是因为我们没有努力活得丰盛。"

前几天，有一位女读者在后台留言说，自己生了孩子后，好几年没上班，现在想重新找一份工作，却发现在一群"90后""00后"求职者中，自己作为30多岁的女人，突兀地"变老"了，不由感叹"家中方几日，世上已千年"。

夫家条件不错，一家人便劝她不必那么辛苦，在家相夫教子就好。可是，她看过电视剧《我的前半生》，对罗子君的遭遇心有余悸，便问我怎么办。

我给她讲了我认识的一位心理学老师的经历。

几年前，我学心理咨询时，一百多人的培训班，我的年龄排到了前十，又是文科出身，有些涉及医学、数据计算的题目，学起来很吃力。所以我经常在上课的时候心生悔意，担心自己最终考不过。

有一天，来了一位长发垂腰的女老师，微胖，面色红润。上台后，她先让大家猜一下她的年龄。于是，从40岁到50岁，台下乱喊一气。

最后，她笑着说，自己已经62岁了。55岁从单位退休后，她开始学心理咨询，遭到了一家人反对，而且大家断定她只是白费力气，毕竟年轻人学起来都吃力。

在家人的反对声中，她开启了“自虐模式”：每天睡4个多小时，学到头发一把一把地掉，还接连参加了三个培训班。一年后，她考了三级证，很快又考了二级，而给我们上课的时候，已经考了培训师证。

她笑着对我们说：“人生下半场，拼的是精气神，只要你自己不放弃，没人拦得住你！”

女老师是从省里一个不错的部门退休的，退休金足够她颐养天年了，但是，她却选择了做自己喜欢的事情。在很多人打着“知天命”的挡箭牌，无所事事的时候，她却活出了自己的精彩。

人生没有白吃的苦、白走的路，最怕的是一生碌碌无为，还安慰自

己平凡可贵。直到有一天发现自己两鬓生出了白发，体力和见识再也跟不上时代的步伐，再慨叹时不我待，这是最悲哀的事情。

人是从什么时候开始变老的呢？

是从失去对生活的热爱开始的。

你觉得自己老了，不需要努力了，你就真的老了。这和年龄无关，而是一种心态问题。

有个朋友家的男孩子没考上大学。27 岁的时候，父母托人给他找了一份工作。这个单位实行半军事化管理，最初的一个月，要进行军训。

军训到一半，他就选择了放弃这份来之不易的工作。除了难忍军训之苦，他强调的是："周围都是二十来岁的小毛孩子，而我都快三十了……"言下之意，他已经"老"了，和一群小孩子在一起训练，没面子。

富兰克林说过一句名言："有的人 25 岁就死了，只是到 75 岁才埋葬。"

同事赵姐去年退休，然后报了两个班：国画班、拉丁舞班。每天乐呵呵地在东城上完国画课，再骑着电动车去西城学拉丁舞。夏天里有一次我在路上遇到她，她正和一群比她年轻好多的学员在公园里画画，一会儿擦一下汗水，画的画儿也还比较业余，但是她自己很开心。

我看过她跳拉丁舞，虽然跳得很一般，但很认真。她说她很享受这个过程，小时候就喜欢的事儿，没条件做，现在终于有时间，也有条件了，一定要圆自己的梦想。

是的，长大后，你会发现，其实很多时候能做很多事情，而且是在没任何人逼我们的情况下。

很多时候，没人要求你一定要努力工作，一定要考个什么职称，一定要学一项什么技能，一定要每天去健身房……可是，很多人却坚持做着这一切。

于是，五年、十年、几十年后，有人抱怨自己时运不济，有人成了行业精英，有人走到了金字塔顶。

人生没有白走的路，每一步都算数。想想五年后、十年后自己想要的生活，这就是我们努力的理由！

一家国际调查机构曾做过一个调查：当你老了，回想一生，最后悔什么？

让人惊讶的是，大部分的人，不是后悔自己做过什么，而是后悔自己没做什么。囿于自己的认知、格局、惰性等因素，他们没有过上自己想要的人生。

如果你不想让自己在年老的时候，后悔当初“我本可以”，那么，就请从今天开始努力，挖掘自己无限的潜力，做自己想做的事，而且努力做好。

愿你此生的愿望都实现，诗和远方都能遇见。

你可以选择放弃，但不能放弃选择

周末朋友聚会，两位朋友聊起了各自的烦恼。

一位朋友的女儿面临大学毕业，已经获得了保研资格，但同时也拿到了一家外企的工作邀约，女儿想参加工作，放弃读研，因为她不喜欢保送的专业。

另一位朋友的儿子读高二，因为看到身边同龄人打工赚钱买了车，非常羡慕，也想辍学去打工。

两个朋友面临的都是选择题。我比较支持第一个朋友的女儿做出的选择，因为她能拿到保研资格，说明她平时各方面都比较优秀，凭借这一基础，她在外企有很多发展机会，也可以工作一段时间后再进修。

对于第二个朋友，我建议他和儿子好好谈谈，不要羡慕别人一时的物质丰盛，将来考上大学，毕业后，可以通过自己的努力过上更好的生活，有更多的选择。如果现在选择放弃考大学，就等于放弃了对更好生活的选择权。

你可以选择放弃一件物品，但是，不能放弃将来选择生活的权利。

网上有一个流传很广的段子：

一个在海岛度假的富翁和一位在海边钓鱼的渔夫遇见了。渔夫钓上一些鱼后，开始和富翁一起晒太阳。富翁劝渔夫多打些鱼，这样努力几年，慢慢地攒一些钱，就能买一条大船，再努力攒上一大笔钱，就可以在海边悠闲地晒太阳了。渔夫反问富翁："我现在不是正和你一样在晒太阳吗？"

听起来好像很有道理。仔细想一想，真的是这样吗？他们确实都在晒太阳，但是，渔夫如果一天不钓鱼，就要担心以后饿肚子，倘若赶上哪天海上惊涛骇浪，一个浪头就能把他的小船打翻，他也就失去了生活的保障。

说到底，渔夫晒太阳，是因为生活在海边，靠海吃饭，而富翁可以随心所欲地决定晒不晒太阳、到哪里去晒太阳。

富翁比渔夫有更多选择生活方式的权利。

我认识一位211大学的校长，他在行业内是权威，德高望重，为人幽默风趣。

但是，唯一的儿子却非常"不争气"：智商平平，又不肯努力，高考勉强进了个普通大学。在大学里，儿子也基本"躺平"，觉得反正自己再努力也赶不上父亲；不努力，日子也不会太差。

校长一辈子要强，儿子不但没有青出于蓝，还放弃了努力。

后来，儿子大学毕业，四处碰壁，找不到合适的工作。

校长便和儿子做了一次深入交流。他告诉儿子，在有些目标再怎么努力也达不到的时候，人可以选择放弃，这是智慧；但是，不能放弃选择的权利，而这个权利，是靠不断努力来争取的。你昨天不努力学习，今天就没有选择工作的权利；今天不努力工作，明天就没有生活的尊严。

有意义、有意思、有尊严地活着，才是值得的人生。

是啊，如果没有钱，温饱都不能保证，每天都为了柴米油盐酱醋茶而挣扎，一天不工作，就担心明天吃什么，一想到随时可能失业，就焦虑不安，哪里来的快乐？

什么样的工作可以让人有尊严、有选择呢？我想，每个人心里都有杆秤。

当然，有些人含着金汤匙出生，要风有风，要雨得雨，另当别论，他们的父母可以给他足够的尊严和无穷的选择。但对于大多数普通人来说，还是要靠自己不断努力，才会有更多选择的权利。

虽说条条大路通罗马，读书不是人生的唯一出路，但是如今，不读书，基本上没什么出路。

20 世纪 80 年代，站在时代的风口，许多人都能凭借一股子冒险精神抓住机遇，提前富起来，甚至不需要太多的知识储备，但是经过几十年的发展，逆袭的故事越来越稀缺。看看那些成功人士，大多有良好的教育背景。例如北大毕业的俞敏洪、武汉大学毕业的雷军……而通过电视节目《超级演说家》上演寒门逆袭的刘媛媛，也是北大研究生！

也许你会说，这些都是名人啊，我只想做个普通人，衣食无忧。

是啊，做个普通人，不用承受那么大的竞争压力。但是，也就失去了一些选择的权利。要接受自己的父母病了，只能住普通医院，为了医疗费发愁；孩子念书，无法买好一点的学区房；甚至自己生病了，也不舍得请假休息……

和父亲深谈后，校长的儿子开始发奋读书，考上了跨专业的研究生。毕业后，入职一家世界 500 强公司做精算师，如今已经是公司高管。

如果一个人有目标，有理想，并为之奋斗，也许不会成功，但是，生活也不会太差；如果一开始就甘于平凡，不想吃苦努力，那么，他可能连基本的生存都成问题，哪里还有选择权和尊严。

也许和校长父亲相比，儿子依然是平庸的，但是，他的收入和地位，是多少职场人士一辈子都达不到的。

是否平庸，是比较出来的，而有选择、有体面地生活，你也可以实现。

朋友安迪一毕业就进了体制内单位工作，她每天坐在有大落地窗的办公室里做着轻松的活儿，拿着衣食无忧的薪水。

但是，她却觉得日子寡淡无味，不久就辞职去了一个沿海城市，进了一家报社。一开始没经验，发稿少，工资低，还得租房子，经济上经常青黄不接。有时候，她一天只能吃一盒泡面，以至于到现在，她一闻到泡面的味道就想吐。

几年后，她坐上了主编的位子。

两年前，她又跳槽到了一家自媒体平台，做策划、出书、讲课，开始到处飞。

我和她有七八年没见面了。前几天，我路过她工作的城市与她见面，见她整个人已经脱胎换骨，原本相貌普通的女孩子，现在完全是职场精英的模样了。她干脆利落地处理完公务，带我去了一家安静的餐馆。

她感慨地对我说，很庆幸自己当初的选择。

前段时间，她的父亲生病，她回去接父亲去北京就医，住最好的医院，请了最好的大夫。父亲得到了最好的照顾，回去后，逢人就骄傲地夸闺女孝顺。

是的，很多时候，一个人的奋斗和努力，承载的是全家人的未来。你选择放弃，现在很容易，但将来再想重新选择，就会很难。

大多数情况下，父母要求孩子好好读书，并不是要和别人攀比，而是希望孩子通过用功读书见识更广阔的世界，将来拥有更多的选择权，而不仅仅是找份工作谋生。

无论读书还是工作，可以选择放弃，但不能放弃选择。而每一次选择，都指向更好的未来，才是值得的。

天赋不能成就你的，坚持可以

我暑假去表妹家做客，九岁的外甥正在看电视剧《西游记》，一见我进门他就扑过来，问了一个问题："唐僧那么笨，人妖不分，又不会武功，为什么还要做孙悟空、猪八戒和沙僧的师父？"

我想了想，告诉他：因为唐僧最有毅力，最能坚持。

我们都知道，唐僧西天取经，十四年间历经了九九八十一难，躲过哪一难都不容易。不但要打败想吃他的妖怪，还要面对玉兔精、女儿国国王等"美色诱惑"。但是，无论面对多么大的磨难和考验，他都没有动摇去西天取经的信念，坚持一路向西。

我们再看身边的三个徒弟，孙悟空虽然本领高强，但是桀骜不驯，动不动就撂挑子要回花果山；猪八戒贪财好色，时刻惦记着回高老庄；沙僧倒是不爱生事，但经常做墙头草，没主见……

只有唐僧，虽然取经路上也曾冤枉孙悟空，也曾面对美色心动，有时候人妖不分、有点笨拙，但是，他从未忘记自己的使命，一定要到达西天取得真经，从来没有说过半句要放弃的话。因此，唐僧作为取经队伍里能力最弱的人，反而能带领几个本事通天的徒弟取经成功。

为了让小外甥听懂我的话，我问他："你想想，你们班里学习最好的，是班里最聪明的那个，还是最用功的那个？"

他想了想说："我们班里学习最好的是辰辰，但是最聪明的是周冲。老师说过，要是周冲有辰辰一半的努力，就能超过辰辰。"

其实，无论是在学习、生活中还是职场上，往往是一些看起来没什么天赋，能力也不那么突出的人，过得风生水起。因为，他们深深懂得，天赋是成功的有利条件，而坚持才是成功的必要条件。

那些成功的人，并不是天赋异禀，而是咬牙前行，步履不停。

每个人从年少时起，都有过梦想。只是走着走着，离自己的梦想越来越遥远，停滞在通往成功的路上。铁杵成针，靠的不是力量，而是坚持。

东野圭吾在《解忧杂货店》里写道："放弃不难，但是坚持下来一定很酷。"每个人都会经历一段无人知晓的至暗时光，只有坚持和不放弃，才能看到成功的希望。

2021 年，曾经有一篇博士论文《致谢》词，火爆全网。

作者黄国平是中科院博士，他的《致谢》开篇那句话深深地打动了无数人："我走了很远的路，吃了很多的苦，才将这份博士学位论文送到你的面前。二十二载求学路，一路风雨泥泞，许多不容易。"

黄国平出生于一个小山村里的贫苦家庭，母亲在他12岁时离家出走，17岁时，父亲车祸去世，留下他与奶奶还有一只狗，相依为命。家徒四壁，屋角漏雨，但每天在煤油灯下写作业和读书，是他最快乐的时刻。没钱交学费，他只能靠放学后抓黄鳝、钓鱼甚至出租自家的水牛努力去凑。

常年的生活困顿、饮食不规律，使年纪轻轻的他便患上了胃溃疡和胃出血。

但生活再苦，他也没有放弃读书的希望。在无数次崩溃的前夕，他都告诉自己，一定要坚持读书，走出大山。

最终，他冲出了命运的旋涡，成为一名计算机博士。

2022 年 4 月 10 日，就职于腾讯的黄国平发微博称："我知道自己终归是平凡的，作为无数普通人之一，在路上就是最好的状态。"

是的，只要肯坚持，在路上，人生就会有不期而遇的温暖和生生不息的希望。

一个人想要做成一件事情，起决定性作用的不是他有多少天赋和资源，而是他对于目标的坚持和执着。

我认识一位作者，她利用业余时间写公众号三年了。现在，她的粉丝数已经超过 10 万，每月的收入超过工资好几倍。她的文章先后被很多大平台转载，出了很多刷屏爆文，目前还在筹备出第一本书。

有人说她真是幸运。其实，你看到的幸运，只不过是别人坚持多年的结果。我知道这位作者从高中时代就喜欢写作，大学期间整天泡图书馆，三毛、张爱玲、亦舒等女作家的书不知道翻了多少遍，《红楼梦》里的诗词张口就来。

参加工作后，她一直在业余时间坚持写作，发表了很多作品，在流行期刊鼎盛时期，最多的一个月她发了 17 家杂志，稿费在 20 世纪 90 年代就达到了一年十几万。如今，她做自媒体，坚持日更已经三年了，创造了普通人的奇迹。

如果把人的平均寿命按 80 岁计算，人生其实是一场超级马拉松，拼的不是开始时谁更快，而是看谁的耐力更持久，能坚持到最后。

俞敏洪曾在演讲中说过这样一段话："你们用 5 年做成的事情我用 10 年去做，你们用 10 年做成的事情我用 20 年去做。如果这样还不行，我就保持身体健康、心情愉快，到 80 岁把你们一个个送走以后再来做。"

天赋异禀或者含着金汤匙出生的人少之又少，大多数人出身平凡，只能靠坚持不懈的努力成功。不必羡慕，不必悲观，你若坚持，天必佑之。

所有逆袭，不过是拼尽全力后的苦尽甘来

文化学者马未都老师曾经在电视节目中讲过这样一个故事：

世界著名艺术拍卖行佳士得美国公司有一位看门人，就是那种戴着白手套，站在拍卖会门口，帮每位来宾拉开门的门童。

他从十几岁开始，就每天重复这个单调的工作，快退休的时候，佳士得在欧洲举办了一场盛大的拍卖会，邀请他去做嘉宾。

为什么呢?

因为在这几十年的拉门过程中，他熟知每个人，记住了每位来宾的姓名、背景，甚至在拍卖会上买过什么。所以，佳士得高层请他参加拍卖会酒会，给那些互不认识的来宾互相做介绍，融洽酒会气氛，避免尴尬。

他退休的时候，佳士得举办了隆重的欢送晚宴。晚宴上，主持人宣布，他将以公司副总裁的待遇退休。

和朋友聚餐时说起这个故事，朋友感慨道：“这简直是‘逆袭’啊！”

然后叹口气说，“什么时候我也能‘逆袭’呢？例如中个彩票、突然升职也行啊……”

我知道朋友是在开玩笑，她是个非常踏实的人。

我也深信，在这个世界上，那些所谓的“逆袭”，在旁人看来，仿佛是有一位魔法师瞬间点石成金，大家也喜闻乐见这样的故事，因为可以大大满足普通人一朝扬眉吐气的代入感，但是，只有当事人清楚，他走过了怎样的黑暗，经历了怎样的不堪，不过是凭着内心一股不惧前行的信念，熬到了曙光乍现，外人却不知道他们经历了什么。

那位看门人经历了多少蔑视的白眼、熟视无睹的傲慢，熬过了多少风霜雨雪，暗暗下了多少功夫，才记住了那些进进出出的贵宾啊！我们看到的每个轻松笑容的背后，都有一个咬紧牙关默默努力的强大灵魂。

香港女作家梁凤仪在她的第一本小说《尽在不言中》出版时，已经40岁。

那时，她经历了离婚、失业的双重打击。为了生活，她没有自怨自艾，而是以优雅的姿态华丽转身，顽强生活，创下了每天写一万五千字、每个月出两本书的纪录。

有句话说得好："你若盛开，清风自来。"很快，她赢得了一位商界翘楚的爱慕，喜结连理。

人们都以为她从此苦尽甘来，可以安心做阔太太了，但是，婚后的她仍然坚持写作。她共出版小说一百多部、一千多万字，成为当仁不让的高产作家。

有人说她是"逆袭"的典范。但是，她曾经说过，在第一次婚姻失败后的一年多时间里，她完全陷落在一种悲观的情绪里，不知道如何面对现实，彷徨无助。不过，她没有一直消沉下去，而是将痛苦像糖一样吃掉，擦掉眼泪，继续前行，对着世界微笑。

惊艳大家的不是她的成功，而是无论顺境逆境，她都保持向上的姿态，如一朵朝气蓬勃的向日葵。

梁凤仪书中的一句话，也许可以代表她的心境："蝴蝶的蜕变，是人世间最美丽也最苦难的过程。翩翩飞舞的背后，承受的是刻骨铭心的沉重。"

很多时候，那些看起来很成功的人，也是比别人多经历了一些挫折和失败的人。

如今，人们常说阶层固化越来越严重，普通人的逆袭更加稀缺。但是，每个人身边都有像我哥这样的例子。

半年前，我哥拿到了注册监理工程师资格证。单位里一共七八个人去考，只有他考过了，工资涨了将近一千元。现在，他又开始自学备考建筑行业含金量最高的资格证书——一级注册建造师。这一年，我哥50岁了。

亲戚朋友们说起来，都觉得我哥命好。因为哥哥小时候很淘气，不爱学习，长大了，却成了工程师，在单位里，他也成了“逆袭”的传奇。

哥哥初中毕业后，不顾父母反对坚决要去上班。在工厂摔打了一年，他吃了很多苦头，下决心重返学校。在家里没白天没黑夜地学了三个月，瘦了十几斤，他考进了市里的技校。

两年后，哥哥毕业拿到了中专文凭，成了建筑公司的技术工人。

失而复得的学校生活，让哥哥深深体会到了知识的重要。参加工作以后，他比任何人都努力。毕业第三年，也是他结婚第一年，他就自学了大专课程；2年后，他拿到了大专文凭。

哥哥的女儿出生后，他又用了两年时间自学了本科课程，拿到了土木工程专业的本科毕业证书。这期间，我并没有看到哥哥如何学习，但是，我看到他的身体越来越瘦，而他的眼神越来越坚定。

偶尔回家，我也很少见到哥哥，他不是加班，就是下班后到嫂子的店里帮忙卸货。母亲总是对我絮叨：“你哥快累傻了。”

那时候，嫂子开着一个家电门店。为了节省费用，哥哥就成了专职搬运工。那时候，哥哥在单位一个人兼着多个工地的技术员，天天不知道得爬多少层楼，因为长期劳累而患上了膝盖滑膜炎，腿经常疼得一瘸一拐。

不管怎么样，他每天都坚持看一个小时的书。20 年过去了，他终于活成了自己想要的样子，成了工程师，住上了宽敞明亮的大房子，女儿也考上了研究生。

命运给了他比别人低的起点，但他用 30 年的时间，演绎了一个绝地反击的故事。

在网络信息爆炸的时代，每天打开手机，就能看到这样的消息：

《超级演说家》的寒门女孩刘媛媛实现逆袭，在北京拥有了自己的公司；外卖小哥雷海为夺得了《中国诗词大会》冠军；“80 后摩拜单车女孩”胡玮炜三年获利十几个亿……

一个个咸鱼翻身的案例，一次次冲击着我们的心。想想自己“996”的工作、越来越高的房价、家庭的开销……恨不得拿起鼠标，把这些逆袭的人生复制到自己的生活中。

其实，哪有什么逆袭，你看到的人生传奇，不过是当事人默默地熬过一个又一个生命寒冬，才迎来自己人生的高光时刻。

刘媛媛在上《超级演说家》之前，已经是北大的研究生。为了考上北大，她每天坚持比别人多学一个小时，每次最后一个进食堂；而为了成为《超级演说家》的冠军，她经常改稿到凌晨。

雷海为每天背诵古诗词的习惯已经坚持了 20 多年，甚至在送快递、等红灯的间隙，他也在背诵诗词。

在成为摩拜单车创始人之前，胡玮炜在汽车行业做了近十年记者和编辑，一直默默积累……

你看到的逆袭背后，是日复一日的默默努力积累了数十年。其实，每个人都是自己命运的建筑师，那些所谓的逆袭，都是自己拼尽全力之后的苦尽甘来。

Part Four

做自己的摆渡人

生活在每一刻，都在对人群进行筛选：
在学校里，用考试成绩；在社会上，用能力。
我们都在接受命运的选拔，通关秘籍就是：
做自己的摆渡人。

那些生活的苦、命运的难，都要靠自己去化解，
因为没有真正的感同身受，没有人可以代替你经历一切。
将自己的期望寄托于别人身上，只会越来越被动。

学会在低谷中修行，
无助时自愈，苦难处开花。
当你独自披荆斩棘走出人生困局，就是成功的开始。

一个人披荆斩棘走出人生困局，就是成功

前几天，我多年未见的表妹小彤从成都回来探亲。见到她的那一刻，我都有点不敢认了——她的神态自信从容、谈吐大方得体，整个人身上散发着一种见多识广的气质，和小时候总被我们“嫌弃”丑的那个丫头，判若两人。

亲戚们都在感叹“女大十八变，越变越好看”。其实，这句话的含义是：一个人的相貌，30 岁以前是父母给的，30 岁以后，就要自己负责了。

小彤大学毕业后，留在了成都的一家报社做记者。以前我经常在电视上看到她采访的报道，偶尔也能看到她的一个侧影，那时候，她素面朝天，但是身上有股说不出的韧劲儿。

前几年，她转战自媒体，到一家平台做内容策划，也兼职写稿。记得有一次，她的母亲，也就是我的三姨生病住院，她一边陪护，一边还抱着笔记本电脑敲敲打打，每天都是一双熊猫眼，人也憔悴得厉害。我劝她别太拼，她笑着说，自己已经习惯了这种生命不息、折腾不止的生活。

如今，六七年过去了，小彤成了这家平台的执行总监，嫁给了一位同行。丈夫这次陪她一起回来，一家人幸福的样子令人羡慕。

这些年，表妹在读过很多书、去过很多地方、见过很多行业大咖之后，渐渐找到了自己的发展方向，有了自己的位置。她脸上的气质、散发出来的气场，都在悄无声息地发生着变化，以至于见过她的人几乎都忽略了她曾经被嘲笑的身高和五官，而被她的内在气质深深吸引。

作家张德芬说过：“‘精神颜值’就是岁月、时光在你的脸上刻画出的气质线条。”你给人的第一印象、人们和你相处时的感受，就是你的精神颜值的表现之处。

决定一个人的精神颜值的，主要是气质、修养、能力、阅历，以及深入骨子里的善良。这几点占得越多，一个人的精神颜值就越高，也就越具有获得幸福的能力。

善良，是一个人精神颜值的基石。一个人不善良，五官外貌再精致，精神颜值也不会高，因为相由心生。心里装着美好，呈现出来的就是美好；心里满是邪恶，散发出的气质就令人不舒服。

我以前看过一个故事，说是有一位雕塑家从小学习雕刻，面容也清秀，讨人喜欢，但是长大后，面目却越来越可憎。他找到一位高僧求助。

高僧说：“我可以让你变好看，不过你得先帮我雕塑一尊观音。”

半年以后，塑像完工，他发现自己的相貌也变得好看起来。

原来，他以前雕刻的都是鬼怪夜叉的像，心里想的都是凶神恶煞的样子，而雕塑观音像时，他整天揣摩观音慈眉善目的神态，并联想起观音普度众生的故事，自己的心里也装满了慈悲善良。

其实，不只是善良，一个人的各种意念、情绪，都会在不经意间显现出来，这就是人们所说的相由心生。

中国戏曲里有生旦净末丑，通过脸谱化的妆容，就可以确定这个人的身份、性格。例如，曹操的惨白脸、三角眼，代表了奸恶；关羽的红脸膛、丹凤眼，代表了肝胆忠义；一般的小生，无论穷富，都是相貌清雅，长衫磊落……

平常人们的生活没有戏曲那么夸张，但是，我们见到一个人，就能从他的衣着相貌、言谈举止，迅速判断出这个人的身份和背景：这个人慈眉善目，那个人不像好人……以貌取人，虽然不绝对准确，但也有一定道理。

日本文学家大宅壮一说过：“一个人的脸，就是一张履历表。”的确，到了一定年纪，一个人的形象，就带着他读过的书、走过的路、爱过的

人和经历过的人生。

善良的人，无论贫富贵贱，脸上都会有一种干净笃定的气质，令人愿意跟他亲近。

如果说善良是精神颜值的底色，那么，学识教养则对精神颜值起到加持作用。

想起夏洛蒂·勃朗特笔下的女孩简·爱。

她从小父母双亡，被寄养在舅舅家。她相貌平平又瘦小倔强，经常是舅母一家的出气筒，甚至连仆人都不待见她。

为了躲避嘲笑和训斥，她经常躲进书房看书。她会和书中的浣熊说说心里话，也会沉浸在悲伤的故事里悄悄落泪。书房成了她的避难所，也疗愈了她受伤的心灵，她逐渐变得安静而有力量。

10 岁时，她被送到洛伍德学校寄宿读书。在这所学校里，听不到任何欢声笑语，在一片死寂中，一群年轻的女孩每天穿着粗布衣服，面无表情地诵经、做工、干活。

这个学校里唯一让简·爱感到温暖的是年轻的女老师坦普尔小姐。她告诉简·爱，多读书，成为一个有学识的人，命运才会有所不同。

在坦普尔小姐的鼓励下，简·爱一头扎进书海，学习了法语、绘画、音乐，成为一群女孩中的佼佼者。六年后，她以出色的成绩留校任教。两年后，凭借丰富的学识和个人修养，她成为桑菲尔德庄园的一名家庭教师。

没有父母的托举，没有金钱与美貌的加持，简·爱凭借自己的坚韧和勤奋，为困顿的人生闯出了一条生路。

不仅如此，在做家庭教师的日子里，她不卑不亢的态度、过人的才艺和修养，引起了庄园主人罗切斯特的注意，他们彼此欣赏，成为恋人。

虽然后来历经种种波折，但最终，他们走到了一起。

简·爱长得并不漂亮，而且身材矮小，却活出了不一样的精彩人生。

她的故事让我们更加相信，一个人真正的资本，不是美貌，不是金钱，也不是权力，而是融入骨子里的“精神颜值”。

一个人长得漂亮，是优势，但有句话说得好：漂亮只是个系数，最终活得如何、幸不幸福，取决于“精神颜值”的高低。尤其那些长相并不出众，甚至经历坎坷，却仍能悦纳一切、活得漂亮的人，更值得尊重。

我念高中的时候，有一个女同学，她一脸雀斑，瘦瘦弱弱的，但是特别爱笑，无论什么时候和她在一起，都会感到阳光明媚。

后来，高考结束后，我去她的家里玩，才发现她的父母早就离异了，父亲一人带着他们姐弟三个生活，家里连一件像样的家具都没有。周末的时候，她会跟父亲、弟弟妹妹一起去村子附近的砖窑运砖坯，一块砖挣 5 分钱，回到家里还要喂猪喂羊。

就这样，她高考时选择了学费较低的师范学校，毕业后，回到家乡中学教书。

我有一次在高铁站遇到她，她依然开朗健谈。她告诉我，她作为省高级教师，要去外省参加一个研讨会。陪同她的是她老公，一个儒雅挺拔的男人。

面对原生家庭的不幸，她没有抱怨，而是悦纳了生活的苦难，像蚌生珍珠一样，把一切不如意都转换成了滋养生命的精华，把自己修炼成了一颗温润的珍珠，拥有了幸福的人生。

善良、教养、悦纳，我们拥有哪一样，都不会过得太差。而如果有幸全部拥有，那么， 我们就拥有了超高“精神颜值”，具备了拥抱幸福的能力。

从哪一点，能迅速看出一个人的情商高低？

知乎上有个高赞问答，题目是：“从哪一点，能迅速看出一个人的情商高低？”

有个获赞最多的回答是：“情商低的人爱讲道理，情商高的人管理情绪。”

前几天，隔壁办公室新来的“90后”小周和部门主任吵了起来。

起因很简单，公司临时要开个紧急会议，主任让小周下发一个会议通知，主任口述参会人员名单，小周快速记录。

结果，开会的时候，主任发现有一个应该参会的人没到，就责备小周道：“下个通知都整不明白！”小周却说主任之前口述的参会人员里没有这个人。

而且，小周觉得主任当着那么多人说他，不给他留情面，又委屈又气恼，竟然回办公室把当时记录的名单拿来，和主任当面对质。

两人你来我往，都在指责对方的失误。

这时，老板急匆匆赶回来主持会议，见此情景，黑着脸说了句："都回去反省一下。"

原本只要稍微弥补就能过去的小事，在失控的情绪下，演化成了非要争个对错输赢的口舌之争。相信等他们冷静下来后，也会觉得后悔。

生活中，因为一些小事而发生的矛盾和争执屡见不鲜：家长给孩子辅导功课，看到孩子不开窍的样子，气不打一处来，开启碎碎念模式，甚至动手打孩子，结果却让孩子越来越叛逆；朋友之间聚会闲聊，为了一件小事就争得面红耳赤，好好的一段关系蒙上阴影，甚至决裂……

一时的口舌之快，往往令双方都受伤害。

正如作家李小墨所说，始终要在言语上胜过他人，是情商最低的行为。

低情商表现在婚姻生活里，是时时争对错，处处讲道理。

观察一下周围人的婚姻，如果双方都喜欢争对错，凡事都要讲道理，那么，这个家庭一定不会幸福。因为在家庭中，很多事情无法分清楚对错。

例如，一碗粥的稀稠、一盘菜的咸淡、一件衣服的好看难看……很多都是主观认知，每个人的观点都有一定道理。

婚姻本就一地鸡毛，若每件小事都要争个你输我赢，那就永无宁日了。

有多少夫妻，因为想在一场场争吵中求胜，吵着吵着，就亲手断送了一段婚姻。吵赢了一场架，却输掉了爱人，悔之晚矣。

如果有一方放弃讲道理，凡事装傻，只要对方生气就认怂、道歉，这样的家庭反倒十分幸福。婚姻最好的相处模式，是“不讲道理”。

一个女孩当初嫁给一个男孩，肯定不是因为那个男孩擅长讲道理，而是因为他爱自己。

反之亦然。

我的父母，典型的男主外、女主内。父亲是工作狂，母亲没工作，每天换着花样做饭，把家里打扫得窗明几净。

然而，在单位杀伐决断领导上百号人的父亲，和我妈“吵架”从来没赢过。

其实，在我们看来，母亲有时候纯属无理取闹。有时候见父亲好言好语给母亲道歉，我便站出来打抱不平，但父亲总笑着把我支开。

直到我要结婚的时候，父亲告诉我：“以后要改改坏脾气，不要凡事讲道理，因为家不是讲理的地方。你看，你妈赢了我一辈子，并不是我吵不过她。有时候，赢了理，输的是感情……”

我一下子醍醐灌顶。

也许爱人之间，最好的样子就是她在闹，你在笑——让家成为爱的温柔乡！

生活不易，要懂得用自己的言行保护自己。谁没有在出门办事时遇到过“垃圾人”？谁没有被好朋友或者闺密背叛过？如果次次都冲上前去理论，即使赢了，也往往杀敌一千，自损八百。

《欢乐颂》里，安迪有句非常经典的话：“只与同好争高下，不与傻瓜论短长。”最好的办法是，看破不说破，在内心设道防线，防止受伤。

很多时候，恶人自有恶人斗，小人自有小人缠。

上个月，父亲住院时，我在医院陪护。隔壁两位病号的家属因为开窗通风问题发生了争执，一个嫌房间味道不好，要开窗通风，一个称太冷，坚持不让开，吵得走廊里都听得见。

开窗通风的那位男士的母亲，冲他摆摆手，让他关上窗户，并支使儿子出去买水果。几天后，坚持不让开窗的那个人，在去外面买包子时，又与人发生了争执，被打破了头。

后来了解到，不让开窗的那个男人 36 岁了，妻子与他离了婚，他外出打工时好勇斗狠，刚被拘留过，回家后父亲又生病住院……

这样的人生，估计他自己也觉得失败吧，所以只能通过口舌之快维护虚弱的自尊。

有句话说得好："没什么本事的人，就只能在嘴上逞能。"遇到这样的人，最好的办法就是认怂。这不是真的怂，而是情商在线。

情商高的人，是不屑与层次低的人争论的，他们只会与同好争高下。

作家亦舒写了那么多脍炙人口的小说，自己也是情商很高的人，从不与人当面争执。有一次亦舒参加一个聚会，席间偶尔笑着说了一句："女孩子长得美真占便宜，走到哪里都有人乐意关照。"

旁边立刻有一位男士义正词严地说："人的内在才最重要。"然后拉开架势，大谈世道堕落以及心灵美的重要性。亦舒见状，立刻点头称是："一点儿也不错。"由此止住了男士的宏论，然后转头与其他人交谈。

其实，聚会就是为了开心，又不是辩论赛，很多话经不起学术般的推敲，何必认真，正如亦舒所说，"力气要留到紧要关头用"。

亦舒是大作家，学问修养自不必说，情商也是一级棒。而普通人，只要懂得换位思考，也一样可以做到。

有一句话说得好："人不讲道理，是一个缺点；人只讲道理，是一个盲点。”

我曾经跟几位朋友去外地，因为路不熟，下错了高速路口。这时，其中一位朋友立刻指责开车的朋友：“我早就和你说了开导航，你非说认得路。你看，走错了吧！我们恐怕得半夜到家了。”

司机马上怼回来：“要不你开！”恰好那位朋友不会开车，闻言立刻恼羞成怒。

眼看两个人要吵起来，这时，另一位朋友说了句：“这个路口最容易出错，我也走错过。下一个路口再上去就好了，不会耽误多久的。”两个人听后瞬间都不再吭声。

回来后，我好奇地问这位朋友走错路的经历。他笑笑说，是为了平复大家的情绪才那样说的，其实自己没在那里走错过。

人与人相处，很多人都是站在自己的立场，活在自己的情绪里，总爱讲道理来证明自己是对的，这样容易引起不必要的冲突。情商高的人不会犯这种错误，他们能够体察对方的情绪，并给予安抚，让误会迎刃而解。

情商是一门学问，人们不是生而有之，但是可以通过后天的努力，不断提升自己的情商。

提高情商最大的捷径就是读书。每读一本好书，都是在与一位智者交流，在他的循循善诱下，经历不同的人生，寻找有效的成长途径。

其次是思考。遇事先不要冲动。俗话说得好："水深则流缓，人贵则语迟。"话到嘴边留半句，往往事半功倍。

还有一个最简单的办法，多夸奖鼓励别人。良言一句三冬暖，恶语伤人六月寒。作家雾满拦江说过："管好自己的嘴巴，不说话没人拿你当死人，别那么刻意追求存在感，你说的话不过是上下嘴唇一碰，在别人心里引起的波澜，却往往是惊涛骇浪。"

毕业20年后发现，和同学除了同龄，就没啥相同的了

前几天，闺密老顾在朋友圈晒了两张照片，一张是上周同学们在饭店聚会时拍的，一张是大学毕业照，还配了文字“20年后的相聚”。

毕业照已经有些模糊，但是飞扬的青春依稀可辨。最近的聚会，女同学燕瘦环肥，男同学两鬓泛白，但是，一眼可以看得出每个同学的生活状态。

想要知道一个人生活得如何，只要看一看对方的脸，就八九不离十了。

老顾和我聊起这次聚会时特别感慨：“毕业20年了，我忽然发现，自己和同学们除了同龄，几乎就没有相同的地方了，差距太大了！和有些同学比起来，感觉他们在天上飞，自己在地上爬。”

其实老顾并没有她自己说的那么差，她是朝九晚五的县城公务员，生活也算岁月静好。

为了反驳我的话，老顾一口气说了好多优秀同学的情况，让我印象深刻的有两个：

女同学A，正在国外度假，没有参加聚会。但是，她是聚会的主要话题。大家传看着她发的朋友圈：在伦敦的广场上喂鸽子，在瑞士雪山旁，在巴黎圣母院大教堂，甚至有一张，背景是英国女王坐着马车出行……没人觉得她是炫富，大家不约而同地觉得她就该过这样的日子。

男同学B，就没有这么幸运了。因为在大学里，他是最不爱学习的，踢球追女孩玩摇滚，整个男生宿舍楼都深受其害，几乎天天听得见他“我曾经问个不休”的嘶吼。可是，如今他在北京有自己的公司，住着别墅，还在昌平有家农场。明明他在学校时的表现不好，毕业后的人生却像开了挂似的，这找谁说理去！

有好的，就有不好的。老顾说，有几个同学，在企业领着几千块工资，还住着结婚时的老房子；还有下岗的，干脆不好意思来参加聚会。总之，曾经坐在一个教室里、听同一门课程、考同一张试卷的同学们，在20年后，见识、阅历、资源、能力，已是天壤之别。大家慨叹：“没办法，人家命好啊！”

其实，放眼望去，除了个别含着金汤匙出生的“富二代”，没有几个人是天生好命，那些过得越来越好的人，靠的不过是咬紧牙关、日复一日的默默努力。

老顾说，她和女同学A是一个宿舍的。那时候，她们读的是个普通二本学校，功课压力并不大，宿舍里的几个人经常一起逛街、爬山、打扑克。

只有A除外，她天天泡图书馆，以至于后来老顾她们笑称A“不是在图书馆，就是在去图书馆的路上”。大一过后，A同学考过了英语四级。那时候，英语四级不像今天这么普及，整个学校也不过三五个人考过了。

老顾她们也羡慕过一阵子，纷纷买了书，准备考试。但是，几个月后，陆陆续续放弃了。后来，她们只见A早出晚归，每天只睡四五个小时，不知道她在做啥。直到毕业，她们急着找工作的时候，才知道A放弃了留校机会，考上了在全国排名前五的大学的研究生。

研究生毕业后，A进了跨国公司，开始全世界飞。当我们每天工作8小时，优哉游哉享受岁月静好时，她每天工作十几个小时；当我们一年看不了10本书时，她一年看了200本。所以，当我们努力买几千元钱一平方米的房子时，她已经在深圳和国外有了自己的房子。

爱因斯坦说过：“人的差异在于业余时间，业余时间生产着人才，也生产着懒汉、酒鬼、牌迷、赌徒，由此不仅使工作业绩有别，也区分出高低优劣的人生境界。”

如果想成为更好的人，那么，就用好自己的业余时间，即使不成功，

也会慢慢成长。

世界著名的管理咨询公司盖洛普曾对1000多位多才多艺的社会名流的成功经历进行调查，得出了一个令人吃惊却又极其简单的结论：他们的辉煌不过源于每天比别人多用一个小时来做有意义的事。

《明朝那些事儿》的作者当年明月，小学时，就利用课余时间把《上下五千年》读了十几遍；初中时，开始在课后研读《二十四史》；进入大学后，他把课余时间都花在了博览群书上，广泛阅读各种正史、野史、历史杂谈、实录；参加工作后，八小时之外，他主要研究明史，并在网上连载明朝历史小说，引发了广泛关注，结集成书。

2009年，《明朝那些事儿》一书销量超过千万册，创造了中国图书的销售奇迹。当年明月的成功，靠的更多的是8小时之外的点滴积累。

其实，人的一生中，除了每天学习工作的8小时、睡觉的8小时，剩下的8小时就决定了我们人生更高的走向。大学里的剩下8小时，决定了毕业后的起点；工作之后的剩下8小时，则决定了你人生最终的落脚点。

我曾经看过一个知识折旧定律：一年不学习，你所拥有的全部知识就会折旧80%。记得大学毕业时，老师告诫我们："任何一个人在学校求学阶段所获得的知识，不过是他一生所需的10%，甚至不到10%，其他90%以上的知识，必须在离开学校之后的自学中不断获取。"

一生漫长，我们只有终生保持学习的习惯，才能不被社会淘汰，最终成为人生赢家。

至于老顾那位踢球泡妞玩摇滚，毕业后却成了"土豪"的男同学，我不知道他经历了什么，但是，我有一个表弟和他非常相似。

表弟高中毕业后没有考上大学，打工、卖菜、开游戏厅，三年内，他吃遍了以前十八年没吃过的苦，看遍了以前十八年没看过的脸色，终于狠心要活出个样来，于是贷款开了家加工厂。

期间种种坎坷一言难尽，他只和我说过一件事：有一年夏天，他赶着给佛山客户送货，连续开车十几个小时，快到佛山的时候，车忽然罢工了，他钻到车底下去修，却在车底睡着了。半夜下起了暴雨，积水把他泡醒了，他赶紧修好车继续赶路，终于赶在客户的指定时间内把货送到。客户被他的诚实守信感动，提出给他加钱，他拒绝了。

后来，他的公司越做越大，产品出口到欧洲。但是，在37岁的时候，他放下生意，去读了MBA。那阵子，他说比做生意时的压力还大，头发大把大把地掉，可是，他为了弥补之前荒废的时间，咬牙坚持了下来。

毕业时，他拿着毕业证，痛痛快快地哭了一场。

我们以为“土豪们”在忙着享受生活，其实，他们比我们普通人更努力。

有野心，又肯吃苦，坚持下去，生活总不会太差。大多数时候，决定人生高度的，是能力和欲望匹配后的那个你。

老顾对我说，自己有点焦虑了，小半生过去，再怎么努力也撵不上他们了。

我开玩笑说，即使要焦虑，也要焦虑对地方，不需要和同学比，越比越焦虑，不如根据自己的实际情况，给自己定一个小目标，然后立刻开始去做。

除了“临渊羡鱼，不如退而结网”，还有一句话说得好：“种一棵树最好的时间是十年前，其次是现在。”现在，就是最好的时候。

有人曾说，世界上只有两种动物能到达金字塔顶，一种是老鹰，一种是蜗牛。老鹰能到达“金字塔顶”，是因为它有一双矫健、敏捷的翅膀；蜗牛能到达“金字塔顶”，则依靠吃苦耐劳和永不言弃。如果我们没有得到上天给的那双翅膀，那么，就学习蜗牛，慢慢向塔顶爬。

我和老顾想起了我们曾经的爱好：文字。

几年前，老顾还经常在报刊上发表文章，后来工作一忙，就放下了。她决定重拾文字梦，开始写自己的公众号。

随后两周，老顾忙得没空理我，只是片言只语地留言：

“我开通公众号了。”

“我写了 5 篇文章了。”

“我买了 12 本书。”

“感觉时间不够用啊，你有事给我留言吧。”

……

再次和老顾见面，我发现她神采飞扬，整个人都不一样了：以前见了面，基本都是抱怨老公如何不求上进，孩子如何不听话，老人身体不太好……唉声叹气；现在，张口闭口就是新闻热点、阅读量 10 万多的爆文，还推荐给我好几个特别有思想的公众号。那天告别的时候，我觉得老顾走路的姿势都自信满满。

人生，不论从什么时候开始，只要找对了方向，把八小时之外充分利用起来，每个人都可以变得更美好，配得起更好的生活。

做自己的摆渡人，哪怕活成一支取经队伍

网上曾经有一个调查：“《西游记》里，你最喜欢的人物是哪一个？”齐天大圣以绝对优势稳坐第一把交椅。

这个答案一点都不让人意外。从每年暑假都要“霸屏”的 1986 年版《西游记》就可以看出有多少人喜欢这部电视剧，那个降妖除魔、快意恩仇的美猴王，曾经是一代又一代人儿时的梦想。

我们烦透了那个善恶不分、整天就会念紧箍咒的唐僧，不屑那个遇事就把孙悟空推上前、一心想回高老庄做女婿的猪八戒，忽略了整天默默挑着担子、只会服从的沙和尚……

孙悟空则不同，他不但有一双分辨善恶美丑的火眼金睛，还会七十二变，他手里的那一根金箍棒，可以搅得地覆天翻。这让他成为无数人心目中的盖世英雄。

但是，随着年纪渐长，我们会发现美猴王只是一个梦。

成年人的世界，哪有自由自在，每个人都在生活的一道道紧箍咒下，活成了一支取经队伍。

在职场上，我们是默默咬牙前行的沙僧。

《西游记》中，孙悟空被老板玉帝派去看管蟠桃园，得知老板娘王母娘娘开蟠桃盛会却没叫他，一气之下，闯入蟠桃会，大吃大喝一番，还把太上老君炼丹炉里的仙丹都吃了，最后，背着一口袋好吃好喝的回了花果山。

孙悟空作为养马的弼马温，在职场上受了委屈，便立刻跳起来反抗，老板却拿他无可奈何。而年轻时，我们以为凭着一腔热血和干劲，可以踏平坎坷成大道，但是，渐渐发现，自己做不了孙悟空，只能做没有任何背景的沙和尚。

沙僧只因为在蟠桃会上失手打碎了琉璃盏，便被玉帝打了八百杖，还被贬到凡间，每天在冰冷的流沙河里受苦。后来被唐僧收为徒弟，取经路上，他兢兢业业地挑着担子，保护着师傅，不敢有丝毫松懈。

他没有大师兄的能力强，没有猪八戒的嘴巴巧，只能默默努力，不争不抢，因为但凡行差踏错一步，所有的努力都会付之东流。他只能小心翼翼，一步一步朝着目标努力。

但是，取经成功后，佛祖却没有兑现官复原职的承诺，让他重上天庭做卷帘大将，他也只是默默接受了金身罗汉这个封号，至少不用再回流沙河受苦了。

我有一位好友在国企工作，有一回喝醉酒后吐槽说：

本来以为自己揣着那么高的学历，抱着一腔热情，定能干出一番事业，却不料，使出浑身力气，做了那么多事，最后，却没有变成那个脚踏七彩祥云的孙悟空，而是那个一到升职加薪就被忽略的沙和尚。没办法，只好认怂。

我告诉他，其实，绝大多数人最后都只能成为沙僧，用尽一生只为守护现世的那一点安稳。但，那个会认怂的沙僧，才是现实生活中的英雄。

在家人面前，我们会努力扮演知足常乐的猪八戒。

《小欢喜》热播时，黄磊扮演的方圆是最暖心的一个人。他的发小季胜利是副区长，朋友老乔是家财万贯的成功商人，相比之下，他看起来胸无大志，整天乐呵呵地围着媳妇孩子转，后来下岗了，也没有垂头丧气，开起了顺风车，还兴高采烈地做起了业余配音。

他的口头禅就是："一家人全全乎乎地在一起，就是幸福。"如果把他设定为取经师徒里的某个人物，我觉得他特别像猪八戒。

其实，我们每个人初入社会时，谁不想做那个无所不能的孙悟空呢？手握金箍棒，降妖除魔，独自一人扛住九九八十一难，拿金箍棒画一画，就为家人创造出一个安全舒适区。

然而，在行走社会时，我们会发现，生活有时比取经还难。一路上何止九九八十一难，除了职场上的暗流汹涌，还有车子房子、老人孩子，还有一个总也跟不上趟的队友。

怎么办呢？孩子小升初，要厚着脸皮去求人；老人生病，要赔着笑脸求医生找大夫，还要24小时陪护；妻子的衣服化妆品，都是自己的面子……

做不到的，只能退而求其次。

孩子上不了最好的学校，就告诉孩子：再好的学校，也有不好的学生；再不好的学校，也有好学生……

守在病床前，我们要假装轻松，告诉老人：没事儿，很快就出院了……

妻子想要的高级时装买不起，就哄妻子：其实，你穿什么都好看……

总之就是像猪八戒那样，变着法地哄媳妇开心，用幽默来缓解压力，忠心耿耿地守护着一家人，活得简单又真实。

知乎上曾经有个问题："《西游记》师徒四人当中，你愿意嫁给谁？"

结果显示，七成以上的人选了猪八戒。主要是因为他专一，虽然有时会被妖精迷惑，但是，取经队伍一说散伙，他就立刻喊着要回高老庄，从没想过去别处。

生活就是这样，走着走着，我们就变成了自己当初讨厌的人。但是，为了家人，心甘情愿。正如作家兰迪所说："知道为什么而活的人，就能够承受任何一种生活。"

而在亲朋好友眼中，我们则是那个会念咒和时常碎碎念的唐僧。

闺密陶子说，自从她当了个芝麻官，就成了亲朋好友眼中的"唐僧"。有人要她给孩子安排工作，有人求她帮助升迁，还有人张口就要借个几万元……能帮的，她都尽力帮了，但是，有的实在帮不了，便被亲朋好友各种诟病。

她苦笑着说，自己这个芝麻官不是孙悟空，不能变出每个人需要的东西；也不能像唐僧那样，念念紧箍咒，就可以心想事成。而且，自己也是在取经路上，一路披荆斩棘，危险重重，有时候，真的想撂挑子不干了。

我说，其实你还真应该学学唐僧，坚定信念，不论千辛万苦，都要坚持完成自己的梦想。

奋斗了几十年却依然是一颗螺丝钉的我，就没陶子这个唐僧那么招人待见了。说多了，就是碎碎念、无厘头，像周星驰扮演的唐三藏。

歌手毛不易在《像我这样的人》里唱道：“像我这样优秀的人，本该灿烂过一生，怎么二十多年到头来，还在人海里浮沉。”

虽然我们都想做无所畏惧、任性自由的孙悟空，但是，当我们在人海里浮浮沉沉之后，最终都活成了即使心中人仰马翻，也要一脸安宁的唐僧。

女作家苏岑在《世界上没有人比你更重要》中说：“争强好胜是天性，不服输的年纪，每个人都眼高于顶，于是梦想回报你的是一次次鼻青脸肿。”

有句话说：“年少只知猴王勇，长大才知悟空怂。”其实，岂止是悟空怂，整个取经队伍，每个人都有各自的长处，也各有认怂的那一点。

作为普通人的我们，只能勇敢地活成一支队伍，取长补短，披荆斩棘，一路向前。每个人都会经历自己生命中的至暗时刻，不要指望次次有菩萨来救你，大多数时候，我们要做自己的摆渡人，熬过去，就是柳暗花明。

不用问路在何方，路，就在每个人的脚下。

那些所谓的好运气，其实是一种能力

去年，侄女朱迪入职了上海一家国企。同去面试的还有其学校的几个同学，最后只有朱迪被录取了。

朱迪说，当她面试完准备走的时候，在门口碰到被淘汰的一个女孩，女孩很不服气地跟她说："你太幸运了，就因为你懂俄语。"

真的是运气好吗？

朱迪说，自从大三准备放弃考研，她就开始研究自己想要入职的几家企业。

最终确定了两家公司，一家国企，一家外企。外企需要英语，她不担心，因为已经考完托福和雅思，她的英语水平完全可以胜任；而国企现在转移重点，开始和俄罗斯做生意，于是，她开始自学俄语，当时想的是有备无患。

头悬梁、锥刺股地学了一年后，她的俄语水平基本可以和俄罗斯人自由交流了。

简历里，特长一项，她填写了俄语。

面试时，考官忽然用俄语问了她一个问题，朱迪立刻接住了话题。

为什么在同样的教育背景下，有差不多的智商，在相似的机遇面前，有的人能够把握住机会，越活越精彩，而有的人却与机会失之交臂呢？

有句话说得好：“运气就是好机会碰巧撞到了你的努力。”说到底，运气是努力的附属品，没有经过努力的原始积累，给你机会，你也会把握不住。

所以，不要羡慕那些好运气的人。所谓好运气，都是经过不断努力积累出来的能力。

为什么有人经常说自己运气不好？其实是努力不够。美国著名心理学家理查德·怀斯曼教授曾经做过一个实验，他找了两类人，一类是有钱又幸运的人，一类是不断失败的倒霉蛋。

他想寻找是什么原因使他们成为不同的人。实验很简单，所有人都随机分到一张报纸，每个人只要数清楚手中的报纸上有多少张图片，告诉教授就可以了。

很快，所有人都数清了图片，但是有一部分幸运的人还拿到了钱。于是，拿不到钱的“倒霉蛋”们愤怒了，认为教授太偏心。

面对大家的愤怒，教授笑了，说：“你们打开自己手中报纸的中缝看看。”

那些“倒霉蛋”打开报纸的中缝一看，傻了。原来，中缝上打印着一行字：“把这行字给怀斯曼教授看，他就会给你钱。”

那些运气好的人，数完了图片，又翻看了一下报纸，看到了这行字，所以拿到了钱。那些运气不好的人不服气道：“这能怪我们吗？是你事前没说清楚！”

教授笑着说：“你们运气不好，真的不能怪别人，只能怪自己。因为现实生活就是不确定的，谁也不知道将来会发生什么，谁能给你说清楚？”

十七世纪法国著名思想家、数学家笛卡儿说过：“机遇总是垂青那些有准备的人。”

朱迪落聘的同学、拿不到钱的“倒霉蛋”，以及各个觉得运气不好的人，不知道这个世界的复杂与多变，老师、家长、领导让做什么就做什么，不肯多想一点，多做一点，才与机会失之交臂，却把问题归结在运气不好上，殊不知，是自身不够努力的结果。

其实，很多时候，好运气与坏运气，对每个人来说都是公平的。只不过，有些人面对“坏运气”不气馁，不抱怨，努力去积累能量，寻找新的机遇，上演了绝地反击的故事，最终成为人们眼中的幸运儿。

北京市高三学生李泰伯曾经多次获得奥林匹克数学竞赛全国一等奖，展现出了极高的数学天赋，同时他也具有优秀的领导能力，一直担任班长和学生会主席的职位。因此2010年在其高考前夕，北京大学向他抛出了橄榄枝，想要提前招收他入校。

然而，他拒绝了北大的邀请，坚持要参加高考。高考前，通过了托福和雅思考试的李泰伯申请了国外的11所名校，没想到全部遭拒，一时引起轰动，被很多人视为“应试教育失败的典型”，甚至上升到中美教育方式的高度，引发辩论。

面对各种声音，李泰伯没有消沉，而是立刻专心投入高考，考出了703分的高分，成为北京市理科状元。

在清华大学委培一年后，他转入香港大学学习。一年后，通过自己的努力，他又转学到世界顶尖名校麻省理工学院。大四，又从麻省理工学院转学到英国剑桥大学。大学四年，一年一个世界顶级名校。

而他在获得麻省理工学院的电子工程和计算机双硕士后，又去美国最好的医学院约翰霍普金斯大学读完了医学与哲学双博士学位。

我也看到过很多高考状元，在遭遇挫折后一蹶不振，走上了潦倒落魄的人生道路。

同为同龄人里的佼佼者，同样遭受了各种挫折与考验，为什么有的人逢山开路，遇水搭桥，有的人却陷入人生低谷无法自拔？

作家罗曼·罗兰说："挫折可以锻炼出优秀的人物。它挑出一批心灵，把纯洁的和强大的放在一边，使它们变得更纯洁、更强大；但它同时让其余的心灵加速堕落，或是斩断它们飞跃的力量。"

我们都在接受命运的选拔，通关秘籍就是：通过不断努力，提高自己的能力，然后不断打怪升级，成为一生好运之人。

能力可以通过不懈努力得到。一个人的天赋有高有低，家庭出身也不一样，即使同一个家庭出来的孩子，几十年后，人生际遇也有很大不同。

那些通过不懈努力提升自己的能力，最终实现梦想的人，都值得尊敬。

俄国大文豪契诃夫，在兄弟们中间是最笨的一个。他的大哥天赋惊人，读书过目不忘，知识渊博，契诃夫羡慕不已。二哥有绘画天赋，作品被著名画家看到，称其为天才。

只有契诃夫没什么才能，开始写作，也是为了帮助破产的父亲和维持自己的大学生活所需。当人们见他写得太辛苦，劝他休息一下时，他说："弟弟妹妹要吃饭。"

而他的两位哥哥，面对生活的磨难却只会抱怨，抱怨命运不公，抱怨别人不懂自己，感觉全世界都欠自己的。

后来，契诃夫克服各种困难，成为大文豪，两位哥哥却早就在颓废的生活中被人淡忘了。

像这样在困境中不言放弃，通过自己的努力逆袭成功的人，比比皆是。例如《超级演说家》冠军刘媛媛，上演了寒门逆袭；2018 年以 707 分考入北大的贫困女孩王心仪，写下令人唏嘘的《感谢贫穷》……

但是，也有一些人，当身处泥沼时，迅速为自己失败的人生找到华丽的借口，然后在失意里挣扎，自怨自艾。

学习不好，是因为原生家庭贫穷，享受不到好的教育资源。

工作不顺利，是因为领导有眼无珠，同事嫉妒打压。

恋爱不成功，是因为现在的女孩们太注重物质。

家庭关系不和睦，是因为家里没人看到自己的付出……

反正错都是别人的，自己只有无奈。

丘吉尔说："能克服困难的人，可使困难化为良机。"当你拼尽全力，克服一个又一个困难，拥有了胜任自己角色的足够能力，好运气自然就会来找你。我们看到的那些好运气，其实都是一种能力！

“隐形贫困人口”不可怕，关键是打算穷多久

前不久，“隐形贫困人口”成了网络热词。关于这个词的解释是：有些人看起来每天有吃有喝有玩，但实际上非常穷。

《人民日报》公众号也接地气地聊起了这一热词，总结说，“隐形贫困人口”就是指那些朋友圈光鲜靓丽，口袋空空如也，“吃土”是常态，在精致道路上拿出十八般武艺、拼尽全力的人。并简单列举了几种主要表现形式：

“能买戴森吸尘器就不用扫帚了；吃完牛油果又要吃藜麦了；100元钱一张的‘前男友面膜’用起来也不心疼；一有健身冲动，就非得去办张年卡……”

看到这里，网友们的评论大致分为两种：一种是惊呼“这说的不就是我吗”；另一种则是“这绝不是我，我是真贫困人口”。

这个略带调侃的词，的确反映了当下一些年轻人的生活状态。

网络时代，信息传播之量大、之快速是前所未有的。前些年，巴黎

春季时装周的走秀款，第二年才能在国内一线城市流行，如今，连县城都几乎同步；网络电商的兴起，让人足不出户，“购”遍全球；各种引领消费的广告，从地铁口到住宅电梯间，无孔不入，刺激着人们的消费欲望。

消费欲望在急剧膨胀，消费能力却远远滞后。于是，金融创新来了，芝麻信用、蚂蚁花呗、京东白条及各种信贷平台，给了年轻人预支未来的机会，满足了人们对美好生活的追求，从而产生了一批没钱也敢花、看起来很舒服、其实穷得吃土的“隐形贫困人口”。

基于每个人的消费实力、消费心理和成长预期不同，“隐形贫困”分为积极的隐形贫困和消极的隐形贫困。无论属于哪一种“隐形贫困”，都不要紧，重要的是，如何走出这种另类的贫困状态，尽早“脱贫”，实现自己的人生梦想。

社会在发展，今天的年轻人不再过上一辈人省吃俭用的生活。正如《人民日报》公众号里写的：“生活有压力，‘反正买不起房’，很多年轻人索性在其他物质消费上放飞自我；工作有压力，据说10点后加完班的出租车上，不少女性白领喜欢打开淘宝，怒刷几单，以解心头愤懑。”只要在自己的能力范围之内，这些都不叫事儿。

还有一部分人，为了赚更多的钱而购置高档消费品。

我有一个经商的朋友大吴，几乎每隔几年就换一次车，越换越好，十几年间，座驾从普桑换到了路虎，还有一辆奔驰 S600。

有一次，我们跟大吴一起吃饭。大家谈论起他不断换车，都羡慕不已。有一个人用换车的频率，计算他的财富增长速度。

大吴哈哈一笑，说："我这几年是赚了点钱，但钱的增长绝对没有赶上车的档次增长。我这车，其实是贷款买的。没办法，你去谈生意，什么人都能遇到，人家一看你这车不好，马上觉得你这企业没实力，都懒得跟你谈。吃过几次亏，我就学乖了，狠下心来买好车，而且根据客户的不同性格和爱好，开不同的车，这样很快就能和客户聊到一起，接下来生意就好谈了。"

他又叹了一口气，道："其实，我才是穷人呢！表面风光，内心忧伤。"

每个人都有自己的不得已，为了减压，或者工作需要，适当地投资和奢侈一把是可以理解的。

但是，还有一部分人，他们禁不住外界的刺激和诱惑，虚荣心作祟，盲目攀比，超前消费、无节制消费，从而导致自己成为"隐形贫困人口"。

例如，一些年轻人明明月入 5000 元，却穿着 3000 元的大衣，敷着 100 元一片的面膜，租着 6500 元带落地窗的大房子。

追求有品质的生活无可厚非，但消费经常超出自己的能力范围，享受了高级生活还高喊自己贫穷，就是矫情了。

更可怕的是自己没能力还贷，还要让父母背上压力。

我有一位同事的女儿，大学毕业后到北京打工，每月薪水不到6000元，除去房租和吃饭、交通花费，所剩无几。

一年后，她说受不了合租人的脾气，自己租了一室一厅的小房子，而且，吃穿用度都开始“国际化”，不但自己的工资月光，每月还要父母接济几千元。她的父母是普通工薪族，两个人的工资合起来不到一万块钱，还要还房贷。

前几天，我在商场遇到了同事母女。女儿一身名牌，手里拎着最新款的奢侈品牌包，而同事，还穿着五六年前的旧衣服，排队等着买特价鸡蛋，40多岁的人，头发已经隐隐泛白。女儿嫌弃地向我吐槽她母亲为了几个鸡蛋排队“特丢人”。

这种“牺牲父母的生活”来追求表面风光的人，才是真正的贫困人口，穷在内心没有寄托，困在虚荣里走不出，害人害己。

其实，每个人在成长奋斗的过程中，都或多或少会经历一些压力，走一些弯路。只要有目标，并肯脚踏实地去努力，哪怕遭遇阶段性的贫困也不可怕。怕的是只想享受，不想未来，这样的“隐性贫困”会变为真正的贫困。

不管哪一种贫困，都是需要尽快脱离和改变的。古语说得好："不谋万世者，不足谋一时。"如果希望光鲜亮丽的生活方式保持长久，就必须从现在开始制定计划，努力践行，让自己的能力配得上自己的野心，真正过上理想中的生活。

1. 戒掉盲目攀比的虚荣心，停止超出能力的奢侈消费。

把钱花在刀刃上，没必要去为日常每个小小的欲望买单，因为前方有更美好的生活等着你。

2. 投资自己。

工作之余，多学一门技术或者课程，让自己的实力不断增加，包括技能与精神方面。让自己拥有无论走到哪里都可以生存下去的能力，不至于一朝失业，手足无措。

3. 远离让自己陷入"隐形贫困"的朋友。

"物以类聚，人以群分""近朱者赤，近墨者黑"的道理古今通用。屏蔽或者删掉朋友圈那些天天晒奢侈品，表演生活的"戏精"。从今天开始，从小事开始，每天比昨天做好一点，假以时日，结果会让你惊喜。

一时的经济"贫困"不可怕，可怕的是精神贫困，这样会穷一辈子。想改变，只有通过不断学习提升自己的认知，坦然面对生活，量力而行，为自己的未来负责，这样才有可能实现美好理想，过上自己想要的生活。

好的人生，
都有点儿“不靠谱”

周末逛街的时候，我遇到朋友陶子和她的妹妹。她妹妹刚从上海回来，身上散发着大都市女人的气质，精致干练又不失温婉。

我和陶子是一个茶艺班的同学，课余聊天时，她说自己和妹妹的人生仿佛过反了：

陶子从小乖巧懂事，高中毕业时听从父母的意见报考了金融专业，大学毕业又听从父母的意见返回家乡，进了机关单位，然后与父母介绍的男孩子恋爱、结婚、生子，日子过得四平八稳，无风无浪，只是每月工资要计算着花。

而陶子的妹妹从小学习不好，也不如陶子听父母的话。大学毕业后，她不顾父母反对，留在了上海。这些年，妹妹打工、做微商、和人合伙开广告策划公司……不停折腾。如今，她成了一家上市公司的人力资源总监，在上海有车有房，令人羡慕。

妹妹这次回来，想请她去自己所在的公司做美编，她很纠结。我说：“你去吧，正好发挥你的绘画特长，说不定过几年你也成功了！”

她却赶紧摇头说：“我都 30 多岁了，再辞职，太不靠谱了吧。”

想想也是，她现在辞职，自己要走出按部就班的舒适区不说，还要面对父母和周围人的质疑：“都 30 多岁了，还折腾，太不靠谱了！”

的确，很多时候，靠谱，是对一个人的一种肯定。大多数人听到别人评价自己“靠谱”，也是心怀喜悦的。因为靠谱的人生，意味着四平八稳，循规蹈矩，不会出错。但这样的生活也不会出彩！那些出彩的人生，都有点儿“不靠谱”。

我认识一位自创服装品牌的女企业家，她的棉麻女装销售额已经过亿。而且，她有一位高大帅气的先生，还有一双可爱的儿女。怎么看，她都是令人羡慕的人生赢家。

然而，如果时光倒流十年，可能很多人都觉得她有点儿“不靠谱”。

大学毕业后，她入职家乡银行，生活轻松规律。但她觉得这样的日子很无聊，于是利用业余时间自学了平面设计，然后毅然决然从大西部辞职去了北京，做了专职平面设计师。几年后，她成了一家出版社的设计总监。

就在事业有成、未来可期的时候，她又辞职开起了淘宝店，自己设计服装售卖。又过了几年，她不顾身边的家人和朋友反对，跟着先生去了南方，从头开始，创立了自己的服装品牌。

她说："靠谱的意思是，你按照既定的曲谱去弹奏，弹出来的永远是人家的歌；不靠谱的弹法才是自己的人生乐章。"

很多时候，我们一边羡慕成功者的精彩人生，一边继续过着循规蹈矩的日子，殊不知，大多数时候，人的资质没有太大差异，只是思维模式的不同导致了不同的人生。正是不敢走出舒适区的"靠谱"思维，把我们框在了一个固定的圈子里，无法拥有梦想的生活。

作家毛姆在《月亮和六便士》里写道："我总觉得大多数人平稳度过一生好像欠缺点什么。我承认这种生活的社会价值，我也看到了它井然有序的幸福，但在我的血液里却有一种强烈的愿望，渴望一种更狂放不羁的旅途，因为我的心渴望一种更加惊险的生活。"

曾经有个女读者给我留言，说令她厌倦的生活：6 岁开始上小学，22 岁大学毕业后按照父母的要求考了事业编，然后结婚生子带娃……如今 32 岁了，每天过着一眼到头的日子。

她常常羡慕那些不按套路出牌的人：辞职去环球旅行的，逃离大都市隐居到山野的，顺着兴趣开展第二职业、实现人生逆袭的……

我说，你也可以试着去做一些自己向往已久的事啊，例如辞职，或者给自己放个长假，拍拍亲子短视频，说不定哪天也可以成为"网红"，一边带娃一边就把钱赚了呢。

她立刻回复我："不行不行，那太不靠谱了。"

想起一句话：大多数普通人，都毁于太靠谱。

靠谱是把双刃剑，它能让我们过得现世安稳，却也少了一些惊喜和机遇。不靠谱在某种程度上意味着少有人行，但坚持下去，也许就可以独辟蹊径，拥有不一样的人生。

很多时候，人们喜欢安逸稳定，即使稳定地穷着，也不喜欢去冒险，去改变。因此，在这个世界上，成功的人只是极少数有勇气、有毅力、不怕改变的人。

对成功者来说，偶尔的"不靠谱"，也许就是火种。星星之火，也能燎原。

小时候，每个人都对未来充满了幻想。而随着年龄增长，人们越来越懂事，越来越靠谱，渐渐地失去了对生活的激情。最后人们发现，靠谱的生活越来越无聊，却很少有人有勇气打破这种稳定，重新寻找梦想，并且还在不知不觉中，以过来人的姿态阻止别人的"不靠谱"。

十年前，我的单位里来了一位外地考来的选调生。工作满两年后，他考了律师资格证，准备辞职去当律师。

那时候的律师，远没有今天的收入和地位。他的父母特地从老家赶来，极力劝阻，并且发动单位的同事一个一个去做他的工作。领导也出面，苦口婆心地告诉他选调生有很多考到省里的机会，单位也会优先提拔他，辞掉公职去一个前途未知的行业太不靠谱了，让他不要冲动，等等。

但是，他坚持要辞职，说自己之前的20多年活得太靠谱了，现在不想过这种毫无悬念、一眼看到头的日子了，就想去闯一闯，哪怕头破血流，也认了！

几年前，因为有个亲戚的一起案件需要请律师，我找到了他。那时候，他已经是省城知名律师事务所的合伙人，成熟又自信。

说起从前辞职的事情，他笑着问我："是不是那时候，大家都觉得我有点不靠谱？"

我说："你用事实证明了，好的人生在开始的时刻，都有点'不靠谱'。"

当年龄渐长，我们会发现生活已经旋转定格成某种状态而无法改变，或者改变的代价太大了。这时，我们可以凭借偶尔的"不靠谱"，为一成不变的日子制造一些惊喜，增添一些鲜活的回忆。

例如，培养一门"无用"的爱好，弹琴或者书法；和闺密来一场说走就走的旅行，去一直想去却没去的地方；去健身房练出马甲线，让人看不出自己的年龄；参加一个读书会，认识一群原本在生活中不可能有交集的人；去远方，只为看一场喜欢的演出……

这些偶尔的"不靠谱"，也许会成为自己精彩生活的开始。

成年人的潜规则：在高处时自律，在低处时自愈

俗话说：“人往高处走，水往低处流。”为了抵达人生的高处，多少人胼手胝足，奋斗不息。但是，没有谁的一生会一帆风顺，起起伏伏才是人生常态。

如何面对人生的高低起伏，是衡量一个人能否走得更远的关键。

身处繁华中，能严于律己，保持谦卑；遭遇低谷时，不自暴自弃，努力自愈。这是成年人最好的人生姿态。

中国人从古至今，向往的都是状元及第，衣锦还乡。每个人都想站到人生的至高处。因为身在高处，能享受到最好的社会资源，欣赏到一览众山小的无限风光。

但是，中国还有句古话：“高处不胜寒。”

位高权重的人，看到的都是逢迎和笑脸，往往得意忘形；大红大紫的人，经历的多是灯红酒绿，常常失守底线；富甲一方的人，总想更上一层楼，但时刻面临楼塌的危险……

所以说，身处繁华，最重要的是自律，否则，随时可能从高处跌落。

多少个曾经星光熠熠、万人瞩目的明星光芒不再，消失在茫茫人海；多少个家喻户晓的企业家，折戟沉沙，声名狼藉；多少个落马的官吏，曾位高权重，却成为阶下囚……

身在高处，放纵自己，做了欲望的奴隶，便毁掉了一生的前程。人往高处走虽然难，更难的是，怎样在高处行端站稳。

人在高处时要时刻自省，检视自己心中的底线，避免因为得意而放松警惕，贪慕虚荣而堕落沉沦。唯有严格自律，时刻保持清醒、谦逊的态度，守住做人做事的底线，才能长盛不衰。

据《左传》记载，春秋时期，宋国有位上卿叫正考父。他博学多才，文武双全，先后三代国君任命他为上卿。第一次被任命为上卿的时候，他弯腰受命；第二次，他鞠躬受命；第三次，他俯身跪地受命。

他平时谦恭谨慎，生怕他人说自己傲慢，走路都靠着路边。他生活简朴，只要有粥糊口，就很满足。

他身处高位，一直得势，但丝毫不张狂，始终保持谦恭谨慎的态度，所以，他辅佐了三代君主，官品、人品为历代人称颂。正所谓“地低成海，人低成王”。

有这么一个故事：

有一只小猴子受伤了，把伤口给别人看。别人看了，都表示关心。于是，一有人来，小猴子就把伤口扒给对方看，以为可以得到对方的帮助。结果，人们在表示同情后，就像什么事都没发生过一样，都继续忙自己的事情去了。小猴子一次次扒开伤口给别人看，导致伤口溃烂，最后死掉了。

每个人的一生，都会经历一段甚至多段人生的至暗时光，那是一条条漫长、黢黑、阴冷、令人绝望的隧道。

但是，没有人感同身受，也没人真正能帮你，只有独自熬过困境自愈。

我认识一位女企业家，家产过亿，说起话来轻声细语，一脸岁月静好。

我看她整天笑嘻嘻的，觉得她肯定顺风顺水，没经历过什么难事。

她说，其实她经历的，比任何小说、电视剧里的情节都更惊心动魄：一出生就被父母送人，大学勤工俭学，工作三年后失业，最穷的时候，卡里只有十几块钱……

我说，从来没听你说过呢。

她说，说出来有什么用，有倾诉的时间，不如用来做点什么。

如果你哭，只能一个人哭，没人在意你的感受，只有慢慢强大起来，笑看世界，世界才会陪着你笑。

但是，很多人不明白这个道理。

他们在生活中经历了一些挫折和失败，便满身戾气，抱怨不公，发泄对社会的不满，却从没想过努力去打败困难。于是，在生活的泥潭里，越陷越深。

人生没有一帆风顺，起起落落是常态，深陷低谷时，请不要灰心，也不必逢人便说，只要步履不停，终会走到山顶。

岁月不会亏待任何人，耐心蛰伏，学会疗愈自己，人生终会柳暗花明。

多年前，春节晚会上演了一个小品：

赵本山和高秀敏扮演的一对夫妻，为了继续承包鱼塘，去给范伟扮演的乡长送礼。

两人先是对范伟说了一大堆好话，最后，终于说明来意。不料，范伟说，自己已经不做乡长了。

两人一听范伟“下来了”，态度立刻180度大转弯，高秀敏更是直接叫起了范伟的小名“三胖子”，并开始数落范伟的种种不是。

后来，得知范伟是升任县长，赵本山吓得从炕上掉下来，两人的态度又变得唯唯诺诺。

小品有些夸张，但反映的是现实。生活中，也经常能体会到人走茶凉的世态，看得到“穷在闹市无人问，富在深山有远亲”的悲喜。每个人都可能在一生中，成为这些故事的主角，尝尽人生百味。

人生如此，人性如此，我们能做的，就是在高处时，养大格局，见天地众生，低处时，不卑不亢，笑对人生。高处与低处、顺境与逆境，都是人生必经的生命状态。

在高处时不飘，才能走稳；在低处时不怂，才能自愈。

Part Five

世上没有毫无理由的横空出世

很多人成功，

并不是因为智力超群，

而是因为咬紧牙关，数十年如一日地努力坚持。

我们不必羡慕别人的轰轰烈烈、繁花似锦，

传奇是别人的，生活是自己的。

只要你拼尽全力，步履不停，活出自己的故事，

这一生，就是圆满的。

所有的优秀，都从孤独开始

有一天晚上，一位文友在微信里对我说：“苏姐姐，我忽然没有朋友了，一个也没有。”

她给我的印象一直是俏皮活泼，与谁都合得来。

一问之下才知道，前几天她写了一篇爆文，一下子涨粉一万多。她兴高采烈地在文友群里跟大家报喜，却应者寥寥。而且，随后的几天，无论她在群里说什么，都没人搭茬。

她被集体孤立了。

她又转身告诉最好的同学。没想到，对方淡淡地来了一句：“现在的网络鸡汤文太多，我从来不看。”

她说：“忽然感到了前所未有的孤独。”

我说：“恭喜你。因为，这是你变得更加优秀的开始。”

诗人汪国真曾说过：“孤独若不是由于内向，便往往是由于卓绝。”

电影《三傻大闹宝莱坞》中有一句对白：“你的朋友不及格，你感觉很糟；你的朋友考第一，你感觉更糟。”

见不得别人好，尤其是见不得身边的人比自己好，是一些人的通病。越平庸的人，病得越重。

想要远离平庸，抵达优秀，就要经历一段孤独的时光。

我认识一位考研指导老师，最近几年特别火，除了她讲课特别好，吸引大家的，还有她的个人经历。

她出身农村，大学读的是师范学院——一个名不见经传的二本学校，学的是英语。如果不出意外，她会和大多数同学一样，毕业后回当地做一名老师，度过平凡的一生。

但是，她觉得那样的人生没什么意思，就决定考研，而且，报考的是清华大学。

于是，她成了全校的一个笑话：“哈哈哈，刘晓艳要考清华，她疯了吧。”

那时候，无论她出现在哪里，甚至在她走路的时候，都有人在她的背后指指点点。

她成了一座孤岛。

但是，在一片嘲笑声中，她坚持每天早晨 5 点起床，在昏黄的路灯下学习，每天晚上在图书馆学到 11 半点才回宿舍。严寒酷暑，风雨无阻。

最终，她以超过清华大学硕士录取线 40 分的好成绩，迈进了清华园，把众人眼中的笑话变成了“奇迹”。

她说，任何时候，都不要为了合群，为了不孤独，就放弃自我。所有优秀的人，在实现梦想的路途中，总会经历一些孤独时光。

当你内心孤独时，不要彷徨犹豫，坚持住，熬过这段一个人的时光，迎接你的就是人生的柳暗花明。

生活中，我们如果用心观察，就会发现，那些真正拥有思考能力的人，不会一味活在别人的眼光里。

他们大多不喜欢浮夸的社交，而是更在乎自己的内心，坚持做自己的事情，从而主动选择了孤独。

木心先生，作为中国现当代文学史上的传奇人物，也是一个孤独的人。

1950 年，23 岁的木心被杭州第一高中聘为教师。学校给他的待遇相当不错，房间很大，后门一开就是游泳池，学生们也非常爱戴他。

但是没多久，木心就辞职了。

因为他觉得“现在的生活虽好，但这是常人的生活，温暖、安定、丰富，于我的艺术有害，我不要，我要凄清、孤独、单调的生活。艺术是要有所牺牲的。如果你以艺术决定一生，就不能像普通人那样生活了”。

辞职后，他躲进了莫干山，专心读书写文、练字作画。

那时候，山上人烟荒凉，罕有人至。很多人都觉得像木心这样的富家公子，肯定耐不住山里的寂寞，很快就下山了。然而，他却在山中过了六年隐居生活。

期间，他写下若干中短篇，积攒下十来本厚厚的文学手稿，为后来的文学创作打下深厚的基础。

有大成就的人，往往是自觉选择孤独的人。

梭罗独自在瓦尔登湖边生活了两年，与世隔绝，才写出了名垂青史的《瓦尔登湖》；钱锺书和杨绛先生拒绝一切不必要的交际，躲在家里醉心读书写作，钱锺书写出了《围城》，被誉为当代的《儒林外史》，杨绛先生翻译的《堂吉诃德》发行百万册，是迄今为止最好的翻译版本。

庄子说："独往独来，是谓独有；独有之人，是谓至贵。"当一个人能独来独往而自得其乐，便是优秀的开始。

有人说："越长大越孤独，越来越害怕独处。"

其实，当一个人越来越优秀，内心世界变得更加丰富以后，独处就会变成一种享受。

知乎上有个问答，问题是："优秀的人真的是孤独的吗？"

有个回答我特别赞同："优秀的人才不孤独。优秀的人要么被众人景仰，要么在自己的专业领域浸淫欢乐。"

在别人眼里，也许他是特立独行的，是孤独的，其实，他正在享受这种孤独带来的快乐。

和朋友去海底捞吃火锅的时候，看到一个独自吃火锅的女孩，二十几岁的样子。店员见她一个人，准备在她的对面放一个玩具熊。

女孩笑着说："谢谢，不用啊。"

朋友说："这女孩不一般啊，在闹市里享受孤独。"

后来，女孩接了个电话。我们听到女孩和朋友说，她收到了几个学校的录取通知书，在纠结去澳大利亚还是英国。

我们眼里那些特立独行，看起来不合群、有点孤独的人，其实，都在享受自己的人生。

开始的时候，也许孤独会让人难过，但是等成长到一定程度，当一个人越来越优秀，孤独，就变成了一种享受。它可以让人躲开毫无意义的喧嚣，心无旁骛地完善自己，享受内心的丰盈。

哲学家叔本华说："只有当一个人独处的时候，他才可以完全成为他自己。"

生命中所有的晦暗，都与孤独有染；而所有的灿烂，也都要孤独来迎接。只有驾驭得了孤独，享受孤独，才是自己生命的王者。愿每个人都在孤独中沉淀升华，渐渐抵达人生的圆满。

你不必羡慕别人，只要自己步履不停

我曾经在一个读书会上，遇到了一位女子。她 40 岁左右，梳着简单的发髻，穿着墨绿色长裙，脸上带着淡淡的笑，清秀淡雅，如四月的好天气。

我们渐渐成了无话不谈的朋友，我知道了她的故事。

20 岁，嫁给青梅竹马的恋人，一起创业；日子风生水起的时候，婚姻却亮起了红灯。

面对突如其来的变故，她没有喋喋不休地抱怨，也没有随波逐流，从起诉到离婚只用了两个月时间。

离婚后，她一个人带着 4 岁的女儿，一边开菜店，一边读书、写作。

那时候，她的两只手冬天里满是冻伤；为了进货，每天早上 4 点就起床，和一群大男人挤在漆黑的早市里讨价还价；一天只能睡四五个小时，严重的睡眠不足导致她好几次将电动三轮车开进沟里；一双旅游鞋，春夏秋冬她连穿了 6 年。

十多年过去了，她一路挣扎着从泥泞不堪的过往里挣脱出来，如今，已经是三家咖啡店的老板，也建立了新的家庭，日子过得幸福安稳。

在这个世界上，所有令人羡慕的成功背后，都有不为人知的艰辛与磨砺。

电影《中国合伙人》里有这样一段话："成功路上最心酸的是要耐得住寂寞、熬得住孤独。总有那么一段路是你一个人在走，也许这个过程要持续很久，但如果你挺过去了，最后的成功就属于你。"

村上春树年轻时是一家小店的老板，这家店白天是咖啡馆，晚上是酒吧，每天营业到凌晨，非常辛苦。30 岁这年，他萌生了写作的念头，从此一发不可收拾。

经营小店耗费了他大部分时间和精力，每天凌晨酒吧打烊后，他就坐在厨房的餐桌旁开始写，经常是直到天亮才小睡一会儿。

半个月后，他写出了处女作《且听风吟》。

再后来，他关掉了酒吧专心写作，每天的写作时间超过 10 个小时，成了举世闻名的作家。

每个人都曾心怀梦想，渴望成为人群中闪闪发光的那一个，但一路走来，站在同一起跑线上的人，差距却越来越大。因为在这个世界上，让人变好的事情都不容易，要吃苦，要有毅力，要披荆斩棘。于是，很多人半途而废。

吃不起学习的苦，只能看着身边的同学考研读博，一路高歌猛进，和自己的差距越来越大。

工作后，一边瞧不起眼前的苟且，总觉得“像我这样优秀的人，本该灿烂过一生”，一边浑浑噩噩，不想费力提升自我，于是消极应付，渐渐失去竞争力。

人生，是个不断层层筛选的过程，用考试筛掉成绩差的人，用工作筛掉能力差的人，用圈层筛掉人际关系差的人。

很多时候，人的一生会经历什么，都是自己选择的结果。哲学家培根说：“命运往往是人自己造成的，每个人都是自身的设计师。”

只要一个人尽了自己最大的努力，哪怕最终还是个普通人，只要有事情做，有人爱，有所期待，就是幸福的人生。

很多时候，人们习惯去羡慕那些在聚光灯下闪闪发光的人生。其实，每个人都有自己的人生轨迹和高光时刻，只要你开始往前走，步履不停。

有人 22 岁就毕业了，但 5 年后才找到合适的工作；也有人上学到 25 岁，但一毕业就进了大公司。有人少年得志，有人大器晚成，不必羡慕别人，也不必慌张，按照自己的节奏往前走就好。

我上个月去济南，和几位大学同学小聚。辰东姗姗来迟，说是去加拿大出差了，刚下飞机就直接赶过来，还给大家都带了小礼物。

同学们开玩笑说："生意都做到国外去了，越做越大了。"

辰东笑着说："我是给自己打工，混口饭吃罢了。"

大学毕业后，辰东回到老家乡镇进了一家普通单位。后来的毕业十年聚会，他没参加，说是基层事情太多，请不了假。但是大家知道，他是觉得没面子。因为工作十年后，不少同学已经小有成就。而辰东，仍是一个小办事员，并且结婚又离婚，自己带着一个女儿，日子过得很辛苦。

毕业 15 年聚会，他依然没来，说是辞职做企业，刚起步，抽不开身。如今，他已经做成了跨国企业，在全省都小有名气。

他说，开始确实觉得自卑，一个教室出来的同学都比自己干得好，越想越焦虑。后来辞职做企业，开始几年，基本赚不到钱，头发大把大把地掉，人也瘦了十多斤。

直到有一天，他看到一首诗里的几句话：

人生中的每一件事都取决于我们自己的时间，

你身边的朋友也许遥遥领先于你，

也许有些落后于你，

但凡事都有它自己的节奏，

他们有他们的节奏，

你有你自己的，

耐心一点，

余生漫长，莫要慌张。

辰东说，那一刻，他醍醐灌顶。也是从那时候起，他不再比较，不再焦虑，而是踏踏实实地做好手头的事，慢慢地，企业有了起色。

每个人都是一颗种子，只是花期不同，有人开得早些，有人开得迟些。而如果不开花，就努力做一棵小草，春风吹又生。

生活中，踏实努力的普通人都值得尊敬。

我们单位曾经招聘来一个大学生。其实，那一年他考上了研究生，导师是国内有名的专家，但是，他最终放弃了。我问他为什么放弃读研，那是多少人梦寐以求的事情。

他告诉我，家里还有一个面临高考的弟弟，父亲又恰巧在下矿井时受伤，卧病在床，他不想母亲那么辛苦，他参加工作，可以减轻家里的负担，供弟弟念大学。

他工作很努力，也依旧坚持学习。几年后，他参加了公务员遴选考试，去了省城组织部门。有一次我去省城，见到带着妻子和孩子的他，一脸的笃定自信。他说，他已经读完了在职研究生，终于圆了自己的一个梦。

对于没有天赋、缺少资源的普通人来说，选择最适合自己的成长道路，或者拥有一技之长，给家人撑起一片天，就是成功。

我们不必羡慕别人的轰轰烈烈、繁花似锦，传奇是别人的，人生是自己的，只要你拼尽全力，步履不停，活出自己的故事，这一生，就是圆满的。

做对四件事，活出好人生

刚刚踏入社会的时候，每个人都对自己的未来充满了期待，但是，走着走着，就会忽然发现世界不是自己想象的模样。

起点的差距、世事的无常、人心的险恶，像一道道沟壑，横亘在追梦的路上。

我们终其一生，或许也只是个普通人。于是，失去了前行的动力。

我也曾深感迷茫，直到某天，看到作家马德说的这段话："这个世界上的好多事，我们都左右不了……但有一样我们是可以掌握的，那就是自己的活法。"

人生快不快乐，幸不幸福，不在于你有多少钱，在什么位置上，而在于你怎么活着。我们倾尽一生，步履不停的意义，是为了活出最好的自己，不负此生。

做对了下面这四件事，你的人生一定不会差。

拎得清

曾经有一则“北大博士拟录用为北京某街道城管岗”的新闻登上热搜榜，引发了网友热议。

有人觉得博士做城管，太可惜；有人认为“这职业稳定，没毛病”；也有人揣测，这位博士也许只是为了拿到北京户口才应聘这份工作，以后可能还有更高的追求……

无论大家怎么看，这位名牌大学的博士肯定是对自己的人生做了反复衡量之后，才做出这样的选择。

抵达幸福的路径本就千差万别，人生是一场求仁得仁的旅程。想做雄鹰的，去翱翔天空；想做游鱼的，就悠然于水底；渴望生如烟花的，为了一瞬间的灿烂赌上一生。

好的人生，不过是选择自己能承担的，承担自己所选择的。简单地说，就是“拎得清”。

上个月，一位在互联网大厂工作的同学大周失业了。

当初，他以县第一名的成绩考取了一流名校的本硕连读，毕业后，顺利入职互联网大厂，赶上了互联网企业的红利时代。他在大城市结婚生子，有了大房子和一双聪明的儿女。多年来，他一直是同学们羡慕的榜样。

见他倏然下岗，同学群里炸开了锅，同学们的心态不同，观点各异。有人回忆起当初大周是有机会进体制内单位工作的，但是他选择了放弃，就叹息一句：“早知如此，还不如进体制内单位呢。”

大周感谢了大家的关心，表示：这些年，在大平台工作，他见识到了不一样的人生风景，也见证了自己的潜力和可能。既然选择了闯荡打拼，就要承担跌宕起伏的人生，自己不后悔。虽然暂时困难，但很快会重新出发，请大家放心。

世上没有完美的职业，也没有一帆风顺的人生。没有谁的人生值得所有人羡慕，也没有谁的人生就该被众人鄙视。

路遥在他的书中写道：“人生，其实无非是矛盾与选择的综合体，无关对错，仅仅在于我们能否有勇气在矛盾中做出选择并勇敢承担一切后果。”

自己拎得清，就好。

豁得出

日本作家伊坂幸太郎在《金色梦乡》里有段经典对白：

“你知道人类最大的武器是什么吗？”

“是豁出去的决心。”

豁得出去，不怕吃苦，不怕受累，不怕跌倒，这样的人，无论经过多少柳暗花明，终能走到人生的丰饶之地。

曾国藩曾对儿子说：“能吃天下第一等苦，乃能做天下第一等人。”一个人，只有吃得了苦，经得起打磨，才有安身立命的资本。

一位朋友，年少时不爱读书，初中毕业后进了当地一所技校，学的是车工。毕业后，分配到老家唯一的机械厂，做了车间工人，每天在机器的噪声和飞扬的金属屑中，从早干到晚。

半年后，厂里进了一台新车床，恰巧会安装的老技工病故，厂里无人能安装。他自告奋勇，用了半个月时间，披星戴月，边学边干，竟然把这台车床装好了。厂长在大会上表扬了他，工友们羡慕不已，他第一次体会到了受人尊重的感觉。

从那以后，他决定换一种活法。

每天下班后，他不再跟工友们喝酒打牌，开始自学专业知识；两年后，拿到了大专文凭；不久，升为车间主任；又有三年过去了，他自学完成了本科学业，成为厂里唯一的大学生。

那几年，他谢绝了一切社交活动，工资几乎都用在了买资料和报学习班上，连妻子都说他“学傻了”。

他的能力和为人渐渐被大家认可，前些年单位改制，他成了董事长。

他说：“那些年，最苦的不是穷，而是不被周围人理解，甚至嘲讽、打压。”

一个人想要变得更好，活得更好，就得有脱层皮的决心，耐得住寂寞，受得了孤独。

日本“经营之圣”稻盛和夫说：“吃苦不是穷，而是一个人长时间为了某个目标而聚焦的能力。在这个过程中，放弃娱乐生活，放弃无效社交，放弃无意义的消费以及在过程中不被理解的孤独。”

只要豁得出去，人生之路就会越来越宽阔平坦。

扛得住

昨天，我接到同学大周的电话，咨询关于投资办企业的一些手续和法律问题。他准备回老家开办一家化工企业，因为他的老家是石油产区。没想到，他那么快就从失业的打击中恢复过来，找到了新的人生方向。

每个人都希望自己成为优秀的人，才华加身，命运垂青，最终成就一番事业。其实，帮助我们实现人生目标的关键，是能扛事。

2022 年 5 月 3 日，在长沙自建房倒塌事故中，被困地下 88 个小时的女孩小圆成功被消防人员救出。

倒塌发生时，小圆正躺在床上，瞬间随着床的下落，她摔到楼下一个被倾斜的墙体撑起的狭小空间里。此时，她的身边只有半壶水、一床被子和电量并不满格的手机。

在被困的近4天时间里，为了自救，她每次只喝一小口水，冷的时候才把被子裹到身上，手机只留着看时间……并且，她始终坚定一个信念：一定会有人来救自己。

被救出时，她已经在阴暗潮湿的狭小空间里困了88个小时，远远超出了72小时的黄金救援期，创造了属于自己的“生命奇迹”。

很多时候，灾难会来得猝不及防，让你的世界天翻地覆，重要的是，你能不能扛得住。

能扛事，不是毫无畏惧，而是在低谷与绝境中迎难而上，不轻言放弃。

《明朝那些事儿》里有这样一段话：“只有真正了解这个世界的丑陋与污浊，被现实打击，被痛苦折磨，遍体鳞伤，无所遁形，却从未放弃对光明的追寻，依然微笑着，坚定前行的人，才是真正的勇者。”

面对生活的磨难，修炼出一颗强大的心，那些你走过的路、流过的汗、擦干的泪，都会让你成为独一无二的人。

扛过去，你就赢了！

放得下

人这一生，往往执着于得到，得到财富、地位、朋友、爱人。得到时，欢欣鼓舞，而一旦失去，则寝食难安。

其实，人生有得到，就有失去。活得通透的人，都拿得起，放得下。

《在峡江的转弯处》一书的作者陈行甲曾是“全国优秀县委书记”。按照这个发展势头，他的未来一片光明。

但是，2017 年 5 月，他发了一个朋友圈称：“中场休整结束，下半场公益人生开始了。”他已辞去职务，投身公益事业。

很多人为他感到遗憾，也有人不解。对此，陈行甲在这本书中用一段话回应：“如果说人生好比爬山，上半场这座山，我已经到达了山顶，已经没有遗憾。……人生下半场，我可以轻装上阵去爬另一座山了。”

把人生长河看远，把个人名利看淡，许多问题就会迎刃而解。

鲁迅先生曾说过：“拿得起是一种勇气，放得下是一种豁达。”拿得起，放得下，才是人生赢家。

陶渊明放得下功名利禄，才有了“采菊东篱下”的悠然；苏轼放得下挫折磨难，才有了“一蓑烟雨任平生”的洒脱；越王勾践放得下被俘之辱，才有了“三千越甲可吞吴”的复国之路……

生活中，很多人往往对一些小的得失耿耿于怀，郁郁寡欢，不但影响了人际关系，甚至忧虑成疾，这真的得不偿失。只有懂得放下，才能轻装前行，见到更多的美好。

人这一生，到底是活成喜剧还是悲剧，并非取决于我们生活在怎样

的时代，而是取决于我们自己构建了一个怎样的世界。

拎得清，知道自己要什么，就有目标；豁得出，舍得为梦想付出，就有成功的希望；扛得住，不惧人生的风霜刀剑，就能抵达成功；放得下，不被功名利禄牵绊，就能活出精彩。

内心真正富足的人，从不炫耀

刚参加工作的侄女在微信上告诉我，她们单位有一位 40 多岁的大姐特别爱炫耀：明明每月 6000 元钱薪水，总爱和同学朋友说自己月薪 9000 元；花几百元钱买个高仿包，硬说是国外代购回来的；老家是农村的，却常说父母都是退休干部……

不等我回话，侄女发了个“糗大了”的表情，说今天这位大姐掉进她自己挖的坑里了。原来，有一个上级检查团来她们单位参观，那位大姐穿了一件名牌风衣，意气风发地走在大家前面，还和别人说她这件风衣很贵，却不知什么时候，风衣上的吊牌从衣角垂了下来，很多人看到了，她自己却浑然不知。

后来侄女悄悄提醒她，她脸红到脖根，赶紧跑到办公室到处找别针——那件风衣，过后是要退回专柜的。由此这位大姐的把戏，单位里的人都知道了。

侄女问我，这位大姐这是什么心态。

我说，因为她自卑。

我们在日常生活中经常看到各种各样的炫耀：拍个方向盘照片，刚好露出LOGO（标志），配上“唉，又堵车了”这句话发在朋友圈；买个名牌包，也要在朋友圈发一张照片；朋友聚会，三句话不到，就说自己昨天和某局长、某大老板在一起喝茶了……

心理学家阿德勒在《自卑与超越》一书中写道：“炫耀的本质就是自卑，因此喜欢过分炫耀的人，通常自卑感强烈。”炫耀行为是自卑心理的外在表现，自卑是炫耀的内部心理活动，它们是一对性格上有所区别的孪生兄弟。炫耀欲强的人，也是自卑感强的人，二者是成正比的。

有这样一个小笑话：

一天，一位20多岁的青年坐动车回家，邻座是一位年龄相仿的小哥哥。

落座不久，小哥哥问青年：“你在哪个大学读书？”

青年回答：“理工学院。”

小哥哥于是语带自豪地说：“你高中要是再努力一点，就能跟我一样考上X大（一所985院校）了。”

青年默默点头，转身看向窗外。

小哥哥又追问：“你是在哪个理工学院？”

青年淡淡回答：“麻省理工学院。”

小哥哥瞬间一脸尴尬。

虽然这只是个段子，不一定是真实的，但是，生活中类似的场景不少。炫耀的后果之一，就是被高手碾压，自取其辱。

曾经有一个女儿考上了清华、妈妈却被踢出同学群的新闻。

这位妈妈有一个学习刻苦、成绩好的女儿。这也是这位妈妈的社交圈中无人不知的事，因为她时刻不忘炫耀。她的女儿高考结束后，她参加了一场同学聚会。聚会上，这位妈妈全场都在炫娃，大家也都恭维称赞。

同学聚会结束后，班长为了大家多联系，就建了一个班级群。但是大家都是成年人，平时工作生活也都繁忙，除非有重要的事情，很少在班级群中闲聊。

只有这位妈妈，每天都会在群中发信息，没人理她她就自言自语，有时发自己生活中的照片，更多的是晒女儿，晒女儿认真学习的照片，晒女儿的笔记……渐渐地，同学们连应付性地点赞都没有了，假装没看见。

女儿收到清华大学的录取通知书后，这位妈妈第一时间拍了录取通知书的照片发到群里，还配了一句："清华大学录取通知书，就是大气！"随后不久，她发现自己被班长群主踢出了群。而班长的这一举动，得到了其他同学的一致支持。

爱炫耀的人总是喜欢向"不如自己"的人炫耀，以显示自己的优越感，并通过别人的"羡慕"来获得"满足感"。岂不知，炫耀的同时，自己的无知与狭隘也暴露无遗。

作家亦舒有句话说得好:“内心真正富足的人,从不炫耀拥有的一切,她从不告诉别人自己读过什么书,开过什么车,去过什么地方,有多少件衣裳,买过什么珠宝,因为她没有自卑感。”

见过世面的人,知道世界之大,人外有人,会越发懂得一个人的渺小,心存敬畏,所以看起来谦逊温和。

“杂交水稻之父”袁隆平一生简朴低调,花在衣服上的钱,甚至不如普通人多。

在一次采访中,主持人王志问他:“您这衣服多少钱?”袁隆平先生回答:“35 块。”

王志有点不敢相信地问:“真的还是假的?”袁隆平笑着说:“真的。还有一件比这件漂亮一点,也是 35 块,海南岛买的。”

与此对应的是,他的杂交水稻品牌估值超过一千亿元。

越是厉害的人,往往越低调;越是没啥本事的人,越担心被轻看,所以不停炫耀。

俗话说得好:“缺什么,才炫什么。”缺钱的人,喜欢装大款;官位低的人,喜欢摆架子。而内心真正富足的人,什么都不炫。

杨绛先生一生生活简朴。

随着社会的发展，人们的房子越来越大，装修越来越精美，而她 40 多年来一直住在一间 80 多平方米的旧房子里，还是水泥地面，除了满屋的书籍，别无长物。

杨绛先生的丈夫钱锺书离世后，她把夫妇二人的稿费全部捐赠给了母校清华大学，设立“好读书”奖学金。到 2016 年，105 岁的杨绛先生去世前，该奖学金已成立 15 年，捐赠金额累计近 2000 万元。

杨绛说过：“我们曾如此渴望命运的波澜，到最后才发现，人生最曼妙的风景，竟是内心的淡定与从容。我们曾如此期盼外界的认可，到最后才知道，世界是自己的，与他人毫无关系。”这种素与简，才是最牛、最高贵的“炫耀”。

其实，人生在世，除了最基本的生活需求，其余都是身外之物。真正有学识、有涵养的人，从不炫耀。

1845 年，美国学者梭罗只带了一把斧头，在瓦尔登湖边建了一间小木屋，独居了 2 年零 2 个月，悟出人生的真谛：“一个人，只要满足了基本生活所需，不再戚戚于声名，不再汲汲于富贵，便可以更从容、更充实地享受人生。”

一个人，放下得越多，越富有。不炫耀，自有光。

所有的成熟，都是从失去开始

我们每个人都曾有过无忧无虑的岁月。你还记得自己是什么时候忽然懂事，变得越来越成熟的吗？

每个人的答案都不一样，但有一点是相同的：没人会自然地成熟，所有的成熟，都是被生活经历催熟的，都建立在失去一些东西的基础上。

有句话说得好："所有的成熟，都是从失去开始。"

丰子恺先生曾写过大女儿阿宝的故事：

有一天，他从上海回到家，照例给孩子们每人分了一包巧克力。孩子们雀跃着去吃各自手中的巧克力了，只有十多岁的大女儿阿宝没有立刻去吃。

过了几天，丰子恺偶然看到阿宝正拆开自己那包巧克力，分给弟弟妹妹们。而以前，阿宝也是和弟弟妹妹们一起，兴高采烈地打赌看谁最后吃完。

那一刻，丰子恺知道，阿宝无忧无虑的童年已经结束了，她已经懂得了克制自己，照顾弟弟妹妹们。

他又欣慰又心酸，感叹道："你的黄金时代快要度尽，现实渐渐暴露，你将停止你的美丽的梦，而开始生活的奋斗了。"

十几岁的阿宝从父母的言谈话语中，得知了父亲为一家生计奔波的不易，开始了解生活的疾苦，并用自己的方式为父母分忧。

也许每个人，都有这样一个时刻：

某一天，看到满身疲惫还在努力撑着工作的父亲；某一次，看到母亲为几毛钱和菜贩子争论；或者，看到为了帮助自己凑首付买房，父母的沧桑……

那一刻，我们失去了往日的轻松快乐，感受到了生活的沉重，暗暗下决心，要活出个样子来，替父母分忧，为父母争光。

当父母不再能庇佑自己，没了指望，人便瞬间成熟，要自己努力顶起一片天。失去了无忧无虑的生活，却获得了撑起人生的勇气和力量，这是成熟的第一步。

踏入社会，便踏上了如同《西游记》里取经之路的旅程。

一开始，我们意气风发，满怀激情，以为只要肯努力，就可以得到自己想要的一切。但很快，生活的耳光就会打在脸上。

上个月，在大学工作的表妹打算辞职，被我劝住了。

起因是单位里评职称，本以为顶着海归博士、年年优秀教师的光环，再有优秀论文加身，怎么也能杀进前三，成为助教，甚至有同事提前祝贺她。然而，结果出来，她却以第四名惜败。

表妹愤愤不平，我告诉她："职场就是这样，以为手到擒来的东西，却可能失之交臂。不用愤怒，也不要拂袖而去，因为到哪里，都是江湖，没有两样。"

有些失去，是成熟的必经之路。反省一下自己哪里做得不够好，为下一次做好准备才是正道。

表妹说："我平时不喜欢见了谁都笑眯眯的，也不喜欢跟领导打交道，可能大家觉得我有点清高孤傲。"

我告诉她，一个人要想走得远，仅有能力和干劲是远远不够的。

年轻人初入职场，往往把自己的才华、能力看得很重，觉得只要自己踏实肯干出成绩，就该得到提拔和晋升。

其实不然。很多时候，一个人往前走，除了能力这一基本条件，还要看待人接物、处理突发情况以及团队合作意识等条件，当然，也包括面对失败时的心态调整能力。

作家曹又方说过："所谓成长，就是去接受任何在生命中发生的状况，即使是不幸的，不好的，也要去面对它，解决它，使伤害减至最低。"

失去了一次机遇，遭遇一回不公平对待，却看清了社会的真相。不情绪化，不逃避问题，而是冷静地解决问题，这是一个人开始成熟的第二步。

半年前，我曾接到前同事小武的电话。

他先是抱歉这么久没联系，又问我最近工作怎么样。

绕了大半天，才说明来意：他的女儿今年小升初，因为学区问题，不能上市里的重点中学。而我的大学同学恰好是这个中学的教务主任，他想请我帮忙通融一下。

我答应帮他试试后，他连声称谢。

想起以前他离职，就是因为看不惯单位里的不公和一些人的溜须逢迎，去做了律师。

我打电话问了同学，其实，作为奥林匹克数学竞赛的获奖学生，他的女儿可以特招入学。

事成之后，我们一起吃饭。

席间，他倒茶敬酒，言语殷勤，谦卑得让我心酸。

那个一脸倔强、桀骜不驯的少年，活成了他自己曾经不屑的模样。

因为，他已经不是一个人，而是妻子的丈夫、女儿的父亲，不能再做孤胆英雄。

想起一位作者说过的一段话：“突然明白，我们这个年龄的人，认怂是他，清高也是他；赴汤蹈火的是他，胆小怕事的也是他；流泪的英雄是他，在街边痛哭流涕的懦夫也是他。是太多的岁月痕迹包浆成现有的样子，也是太多的现实雕刻了自己。”

明明心怀高洁，却甘心俯身妥协，看起来是失去了坚守，其实，是更有勇气和担当了。这是成熟的第三步。

看地图的时候，我们会发现一个有趣的现象：所有的河流都呈弯弯曲曲的曲线模样。

这是因为河流在前进的过程中会遇到各种各样的障碍，而有些障碍是无法逾越的。所以，它只能绕道而行，避开那一道道障碍，才能最终抵达大海的怀抱。

反观我们的人生，也是如此。

曾国藩是清代名臣，他在学问和功业方面的成就备受后世推崇，甚至被称为“圣人”。

其实，圣人都不是天生的。

太平天国起事后，42 岁的曾国藩在长沙奉旨办团练，组建了湘军。因看不惯当时绿营八旗子弟腐化堕落，便以霹雳手段来重构政治生态，严惩了一批懈怠散漫的八旗兵，于是得罪了把持长沙城的八旗官兵。

一次，曾国藩打算严惩 8 名八旗兵，整肃军纪，结果，被整个绿营八旗兵围困在府衙，只能从后门逃走，去求助八旗官员。

后来，干脆惹不起，躲得起，离开长沙去了衡阳，专心操练湘军。最终，衡阳成了曾国藩后来事业的起点。

没有谁的一生一帆风顺，每个人的一生，都要走很多弯路。

很多时候，成功是在直中取，但有时候，却要曲中求。

当我们遇到坎坷、挫折、失败的时候，不要悲观失望、长吁短叹、停滞不前。把这些磨难当成人生的常态，就像那些不断拐弯的河流一样，绕道而行，另辟蹊径，最终一定能抵达成功的终点。

看清楚一生要走很多弯路，但是，不逃避，不退缩，不放弃，始终朝着梦想的方向前进，直到面朝大海，春暖花开，这是成熟的最高境界。

人生是一个不断失去，又不断得到的过程。在这个得失反复的过程中，我们也一步步走向成熟。这种成熟，是经过审视的智慧与圆融，而不是复杂与放弃。

正如作家三毛所说，“成熟不是为了走向复杂，而是为了抵达天真”。

希望历经生活的考验，我们活得越来越通透纯粹，拥有“看山还是山，看水还是水”的智慧。

活得好的女人，都有这几个特点

有人说，中年是个分水岭，稍不注意就会活得很尴尬。但是，越来越多的中年女人，不仅没有“尴尬”，反而越活越精彩。

这些精彩的女子各有所长，大致可以归纳为以下几点。具备其中一点，就不虚此生。

不给自己的人生设限

80 多岁的人是什么样子？人们大概都会想到满头白发、步履蹒跚的爷爷奶奶。但是，一位 82 岁的老奶奶却驾驶泰克南 P2010 飞机，直冲云霄。这位“硬核奶奶”就是苗晓红，中华人民共和国第二代女飞行员，时隔 30 年后重返蓝天。

原来，苗奶奶在查资料的时候偶然发现，国外很多飞行员八九十岁还在飞行，这给她带来了莫大的震撼。

“国外的飞行员能飞，为什么中国的飞行员不能飞？”她动了自己也要重新起飞的念头，而且得到了家人的支持。

因为双腿曾经受过伤，为了完成飞行任务，两个月的时间里，苗奶奶一直在进行锻炼。除了模拟飞机操作，她说：“每天要走三千步，同时还要活动手臂，以适应高空飞行的要求。”

2019 年 5 月 28 日，苗晓红时隔 30 年后重新坐到驾驶舱内，在教练员的陪同下，完成了长达 40 分钟的飞行，其中还独立完成了拐弯、爬高、下滑等操作。

“硬核奶奶”用实际行动证实了生命的无限可能。很多时候，不是我们做不到，而是我们认为自己做不到。

记得大学第一次上瑜伽课的时候，我跟室友糯米是班上出了名的“硬骨头”，很多简单的瑜伽动作都做不标准。我们看着别人柔软的身姿和优雅的动作，再反观自己连脚趾都摸不到的窘态，非常丧气。

下课后，我说：“我这样的体质不适合做瑜伽，练了也没用。”糯米却说要再试一下。接下来，除了按时参加瑜伽课，一有时间，她就练习瑜伽动作。一个学期下来，她竟然成了瑜伽队队长！

天生没有四肢，后来却成为著名演讲家的尼克·胡哲说：“错的不是我的身体，而是我对自己人生的设限，因而限制了我的视野，看不到生命的种种可能。”

不给自己设限，人生才有更多的精彩。

人生没有“来不及”

生活中，我们经常听到有人说：

“哎呀，我已经 30 多岁了，学什么都晚了。”

“我都 40 岁了，还折腾什么？”

“我都快退休了，认命吧。”

……

有句话说得好：“种树最好的时间是 10 年前，其次是现在。”

摩西奶奶 76 岁时开始学习绘画，80 岁在纽约举办个人画展，一举轰动世界。她向我们证明，没有什么是来不及的。她说：“做你喜欢做的事，上帝会高兴地帮你打开成功之门，哪怕你现在已经 80 岁了。”

日本“网红奶奶”西本喜美子也从来不以年龄为借口。72 岁的她偶然间听到儿子的摄影课，便对摄影产生了极大的兴趣。从那时起，她便与摄影为伴，扛着长枪短炮，拍花、拍草、拍自己。

两年后，她又学会了用电脑修图，开始钻研数码艺术。利用学到的技术，她一会儿把自己修成骑着扫把、身披黑斗篷的女巫；一会儿把自己修成街头飙车的“酷女孩”；还偶尔恶作剧，把老伴儿绑到椅子上，拍一张搞笑照片……

89 岁那年，她举办了自己的个人摄影展，还连续两年被大名鼎鼎的Adobe 数字媒体公司选为“新年贺卡艺术总监”。

你看，人生哪有什么来不及，怕的是你从不开始。

年龄从来都不是随波逐流的理由，不要用“来不及”当作你不作为的借口。

能享受最好的，也能承受最坏的

我的一位亲戚少年得志，从默默无闻的底层员工成为公司高管，年薪几十万。30 岁那一年，她成功地在一线大城市站稳了脚跟，有房有车，有恩爱的丈夫和可爱的女儿。为了家庭的安稳，她辞去了工作，成为家庭主妇。

就在所有人都羡慕她幸福美满的生活时，命运对她下手了。

她 38 岁那一年，丈夫出轨后与她离婚。电视剧般的桥段，血淋淋地发生在她身上。婚变，无业，连唯一的女儿都要判给丈夫。几乎是一夜之间，她从天堂坠落到了地狱。

她说：“从做家庭主妇到踏入社会，压力如潮水一般从四面八方朝我涌来，我只能拼命地游，拼命地向上，才不被溺死。”

经朋友介绍，她学着在楼盘销售中心做一手房销售，一位 38 岁的“大龄阿姨”跟着一群 20 多岁的年轻小姑娘风风火火地打拼。

两年后，她从一个月卖出一套房子到成为季度销售冠军。她付出了无数不为人知的心血。用自己的努力，将自己曾经失去的重新找了回来。

前两天看到她的朋友圈，记录的是她跟女儿一起去巴厘岛旅行，阳光下的她成熟美丽，拥有着幸福。

朴树有一首歌的歌词是："我曾经跨过山和大海，也穿过人山人海，我曾经拥有着的一切，转眼都飘散如烟。我曾经失落失望，失掉所有方向，直到看见平凡，才是唯一的答案。"

最好的生活就是，能心安理得地享受最好的，也能平平静静地承受最坏的。美好的生活，都是自己挣的，不是依赖别人取得的。

有自己的底牌

生活中，很多女性其实都曾有过回荡在心中的梦想：想要去大城市闯荡一番；想要继续读研；工作后，梦想成为公司高管……

但是，这些梦想常常招来各种阻挠和非议："一个女孩子有什么可闯的，不如嫁个好人家。""女人天生是弱者，职场上争不过男人。""女人太强，好景不长。"……

于是，很多女性惧怕野心带来的讽刺挖苦和失败，收起自己的翅膀，退回原地，甘心做一个普通人。

日本畅销书《只差一个野心》里有句话：“停留在平地嬉戏的人，终生都无法欣赏到美景；唯有怀着野心努力过的人，才能了解幸福就在山顶。”女性只有抛开羁绊，足够努力，人生才有无限可能。

电视剧《上海女子图鉴》里，罗海燕是个小镇女孩，因为小时候去过一次上海，便在心中埋下了对上海的美好愿望。

她先是努力考取了上海的大学，毕业后，在陪男友回老家和留上海之间，毅然选择了留下，因为，她想成为上海10%的“塔尖”人。

为了这个目标，她拼命努力：加班熬夜赶PPT，获得了上司的认可；因为英语不够好，讲解机会只能让给同事，于是，她自费报班学习，苦练英语；拒绝了上海男友“女孩要回归家庭”的劝说，毅然独自前行，直到创业成功，把业务拓展到了纽约。

凭借一路咬牙坚持，罗海燕从一个被人瞧不起的“乡下女孩”蜕变成“魔都”女精英，完成了漂亮进阶。

说到底，能给一个人笃定与安心的，不是稳定的工作，而是不断提升的能力，这才是一个人最大的底牌。拥有这张底牌的女人，会活成一束光。

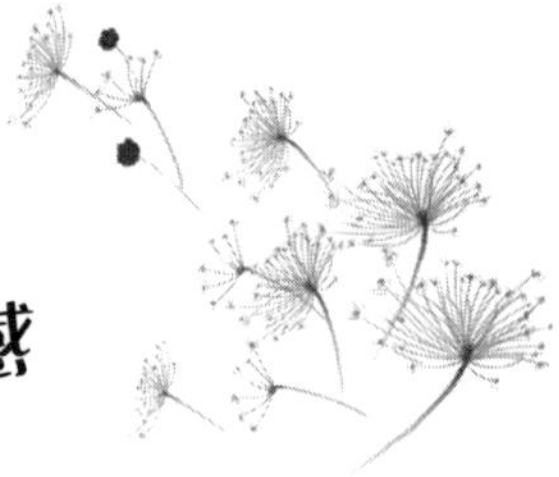

能力，是女人另一种意义上的性感

最近，一个人到中年的朋友老 K 的妻子去世了。

他的妻子患癌多年，他不离不弃，照顾有加，是朋友们公认的有情有义的好男人。良好的口碑，加上事业单位领导的光环，让老 K 在妻子去世后，成了抢手的“钻石王老五”，上门说媒的络绎不绝，介绍的女方从 25 岁到 45 岁，燕瘦环肥，各有千秋。最终，老 K 选定了一个 42 岁的女子，是一家国企高管。

那天，我们几个朋友小聚。大家怀着八卦的心，好奇地问：“男人不都喜欢 20 多岁的小姑娘吗？怎么你却选了一个 40 多岁的中年妇女？”

老 K 很高冷地来了一句：“喜欢是一回事儿，过日子又是另一回事儿！小半辈子过去了，打拼了那么多年，我需要的是‘混合双打’的默契，而不是天天俯下身子教导小孩子的累心。”

有人问：“男人这么现实吗？”

老 K 淡定地说：“男人不现实，怎么混世界？况且，我觉得 40 多岁的那位女士更性感啊！”

有人“补刀”道：“你这是要修改“性感”的定义吗？”

“你们不知道女人有能力、懂生活才是真正的性感吗？”老K反问。

在一群中年妇女的逼问下，最后老K说，那位女士有点像《我的前半生》里的Miss吴，也就是邬君梅扮演的罗子君的上司——优雅V领白衬衣搭配干练灰色小西装，一抹红唇霸气却不失性感，妥妥的职场女强人，以冷酷著称，手下一言不合就开除，但公私分明，做事踏实利落，让观众见识了一位成熟职场女性的睿智。

想想也是，漂亮和年轻确实可以让男人驻足心动，但是，让男人停留下来，还得靠实力。

能力，可以赋予女人另一种意义上的性感，让女人过上体面的生活，自由地行走，自信地选择，魅力无限。

这样的女人不必担心年龄的增长，她们凭借自己的气质、知识、品位、眼界、心胸，自然成为人堆里最耀眼的那一个。

京剧“冬皇”孟小冬，在与梅兰芳决裂后，很霸气地说了一句：“将来我要么不唱，要唱一定比你唱得好；要么不嫁，要嫁一定嫁一个一跺脚满城抖的人。”

她后来果然嫁给了一跺脚满城抖的杜月笙。杜月笙肯定不是因为她漂亮而娶她，漂亮的女人很多，但“冬皇”只有一个！

写下《情人》的杜拉斯，66 岁的时候，受到了 27 岁的安德烈亚热烈追求。我猜，他一定不是因为杜拉斯年轻时是个美人而追求她，她已经成了在巴黎街头酗酒、满脸皱纹的暴躁老太太，但她也是龚古尔文学奖得主，光芒四射。

那些还在相信“干得好不如嫁得好”的女孩子们，该醒醒了。很多时候，那个爱上你的人，不只爱你的相貌，也爱你的附加值。这才是生活的真相。

我的家族群里围绕堂妹小羽考博的事儿，争得不可开交。

叔叔和婶婶都是朴实的农村人，觉得女孩子读完硕士就足够好了，赶紧嫁人才是硬道理，毕竟已经 25 岁了。在他们的观念里，女孩子过了 25 岁，就要被人挑拣，不好嫁了。

小羽保持沉默，但是私下里和我说，一定要考博。

在家族群里，比小羽还小的小堂妹姗姗冒了出来，晒了自己和两个娃的照片，对小羽说：“姐，你看，我比你还小，都两个娃了。现在我也不用工作，就在家带带娃，还有婆婆帮着，轻轻松松的，多好。”

婶婶也出来附和："就是就是，女孩子早晚还不是要嫁人啊。"

这不是姗姗第一次在群里"炫娃"了。一直沉默的小羽，忽然打出了一大段话：

"生孩子是女人的生理天赋，没什么可骄傲的，我想生的话，自然可以生。我不觉得23岁的人就生了两个孩子，还不工作，是一种值得骄傲的事，其实我更替你担心。这样的生活，不是我的理想。我的理想是，趁年轻，努力成为更好的自己，有更广阔的平台，做更有意义的事。不靠任何人生活，外表柔软，内心硬气地活着。"

我想小羽可能已经忍无可忍了，想结束家族群对她的"关心"，才直率地说了这么多。一分钟后，小羽撤回了这段话，但是，大家已经看到了，从那以后，再也没人在群里说啥了。

小羽后来和我私聊说："姐，我就不明白，都什么年代了，还拿这一套来衡量一个女人的价值！"

我对她说："什么年代都有这样的价值观，只要不影响你就好。"

或许有些"过来人"会语重心长地告诉你，并不是你越独立越出色就越容易遇到更好的爱情，还会举一堆剩女恨嫁的例子给你听，但是，反过来想想，那些不独立不出色的女人就嫁给了更好的男人了吗？

反倒是优秀女人选择的余地更大，她们不必为了一张"终生饭票"

去恨嫁，去讨好，而是可以体面地生活，有尊严地拒绝，真正地活出自我。

当你有足够的能力，成为更好的自己时，爱情和幸福自然会降临。

学会俗气地活着，才有不俗的人生

一位读者留言问我：“是不是人越长大，就越俗气？”

她说自己工作刚满两年，身边同事一个个见了领导点头哈腰，被骂得狗血喷头也不敢还嘴，女同事还整天讨论谁家的老公赚钱多，哪家菜店打折了……

在这样的环境中，她越来越失落，很怕自己有一天也会落入俗套。

也许每个初出茅庐的年轻人，都有过这样的阶段：不屑于金钱名利，哪怕生活窘迫，仍然一身傲骨，不为五斗米折腰；讨厌人情世故，哪怕四面楚歌，也不打算与俗人“同流合污”；渴望远离柴米油盐的琐碎，永远保持喝咖啡听音乐的优雅……

然而，理想很丰满，现实往往很骨感。你永远不知道，生活会给你展开一幅怎样的画卷。

你也不知道，那些看似俗气的人，曾经有过怎样的梦想和情怀，如今又背负着怎样的责任与无奈。

但你终究会渐渐明白，只有学会俗气地活着，才有不俗的人生。

电影《送你一朵小红花》里有个场景令人印象深刻：

脑癌少年韦一航和妈妈开车离开停车场的时候，为了省五块钱停车费，妈妈和保安斗智斗勇：

“我就超了 5 分钟，怎么能算呢。”

“嗨，你说说这，我忘带现金了。”

“哎，微信扫不出来啊怎么，你们这没网啊。”

直到保安被磨烦了，一挥手，赶紧走吧。

韦一航对妈妈的斤斤计较很不耐烦：为了几块钱，耽误了好几分钟。

他不知道，自从他治病，家里就再也没有换过新的东西；身为普通职员的父亲，瞒着家人周末去开专车，患了严重的胃溃疡，也不舍得去做胃镜。

想想，这样的中年人在单位被领导骂几句，敢甩手而去吗？

他们也有过自己的情怀和梦想，只不过，被现实一点点磨光。因为背负的责任越来越大，他们要扛起日子，就必须放下所谓的面子，甚至自尊。

在他们俗气的表象后，是令人敬佩的勇气和担当。

每个人都想活得优雅从容，远离俗气。但真正的高级从来不是一味抵触世俗、曲高和寡，而是慢慢学会把世俗规则当作自我成长的阶梯。

《流金岁月》里的蒋南孙从小生活优渥，住洋房，有保姆，被一家人宠成公主。她从来没有为钱发愁过，不理解为了省一点钱自己费心费力搬家的男友。但是，当父亲炒股把家业败光，欠了一屁股债自杀后，她瞬间懂得了钱的意义。

为了替父还债，她放弃了读博，甚至放弃了能施展抱负的大公司，而是去了工作时间长、压力大，但是赚钱多的小公司。而且，她坦然地和老板谈钱，大方地收下替朋友做事应得的报酬。

那一刻，相信没有人觉得她俗，而是为她的成长姿态折服。

每个人都渴望衣食无忧、岁月静好的生活，但现实如同《西游记》里的取经路，有九九八十一难，哪一关要通过，都不容易。

你讨厌的那些俗气的东西，最终都成了取经路上的一个个妖怪，绕不过去，消灭不了，会把自己打回到五指山下，让自己前功尽弃。

所有的成长，都要穿越俗气，一路斩妖除魔，最终抵达“看山还是山，看水还是水”的境界。

生活中，我们经常会遇到这样的人：

读了几年书，便看不惯那些学识欠丰、言谈俗气的市井小民，觉得他们目光短浅，只顾眼前；留了几年学，说话便时不时夹杂几句洋文，中国话也说不利索；看了几场高端演出，便觉得其余的剧团都不入流，不屑于别人竟然还去看……

或许他们看不惯的一些事真的俗气，但肯定不全是这样。

有时候，雅俗之间没有明显的界限，而是相互交集，甚至大雅即大俗。

老艺术家黄永玉，绘画成就炉火纯青。他 60 岁时设计的中国第一枚生肖“猴票”，创下了世界收藏界的奇迹。

但他最为人称道的，不是他的艺术画作，而是他特别真实动人的“俗”：别人画高山流水，他画“出恭十二景”；别人画龙腾虎跃，他画鸡鸣狗叫。但那些俗事俗物在他的笔下显得无比生动，大俗里透着大雅。

很多时候，我们嘴上说着脱俗，嫌弃这个俗气，那个不高级，其实，是一种不成熟、不自信的表现。

真正的不俗来自于悦纳与包容，真正优秀的人，不管到哪里都能发现美，并为己所用。

清代诗人查为仁的《莲坡诗话》中记录了一首诗：“书画琴棋诗酒花，当年件件不离它；而今七事都更变，柴米油盐酱醋茶。”

很多时候，高雅不仅是高山流水、阳春白雪，真正的高雅，往往来自于普通的世俗生活。

在无法改变什么之前，先学会世俗地活着，去经历风霜雨雪，丰富人生阅历，升华思想境界，才有不俗的未来。

Part
Six

带着清醒，活出丰盛

人的一生，

真正的成功，

不是权力大，

也不是钱财多，

而是打理好自己，

活得清醒无畏，

活出属于自己的精彩，

照亮周遭，温暖世界。

有一种能力，是热气腾腾地活着

看过一个网络新闻：

一位浙江男子因疫情被隔离在酒店。隔离期间，他给酒店房间做了个“大扫除”，从空调、地板到卫生间，打扫得一尘不染，甚至连纱窗都卸下来冲洗得干干净净。

评论区一片赞扬之声。对一个留言，我深有同感：“大哥是个热爱生活的人。”

有句话说得好：“生活不易，你永远不知道明天和意外哪个先来。”我们无法掌控生活，但是，以怎样的姿态生活，却可以自己说了算。吐槽抱怨是一天，热气腾腾地度过也是一天。

面对生活的起起落落，热气腾腾地活着，才能迎来人生的满树花开。

前几天，我去表妹陶子所在的海滨城市，终于见到了她 200 平方米的大平层。

客厅里整面墙的书橱、餐厅的咖啡机和厨房的各种美食器具，让人一眼就看得出主人是多么热爱生活。

本来她在老家县城有一份稳定体面的工作，但是，她和老公是双城生活。十年前，她决定辞掉工作，夫妻团聚。

大家都觉得她有点冒险——到那么遥远的陌生城市打拼，谈何容易；况且她已经三十多岁，孩子都那么大了，折腾不起了。

但是她说，生活是自己的，舒不舒服自己知道，现在的稳定不是我想要的，我就是要折腾。

攥着一摞专业证书，凭着一腔热情，她一头扎进了千里之外的海滨城市。

一次次碰壁、一次次跌倒之后，她迎来了自己人生的春天。

她说："现在对比以前，没有天壤之别，但好了不止一星半点。之前的稳定，是稳定的'穷'，一个月省吃俭用，也攒不了几千块钱，现在做一个设计，十几万元就有了。虽然很忙很累，但一家人在一起其乐融融，这是我想要的生活。"

当一个人拥有了人生目标，并且通过努力去一点点达成，就会发现，这个世界原来如此美好。

热气腾腾地活着，不是瞎折腾。前者让人在忙碌的日子里激情满满，后者令人疲惫不堪。

侄子小冬高中毕业后做过很多工作，但都不满意：超市导购员，他觉得伺候人太难；外卖员，他觉得太累；电子厂流水线工人，他觉得自己像机器……三年间他换了七份工作，没一份超过半年。

眼看到了适婚年龄，他还是三天打鱼两天晒网地到处漂着。家里人劝他选准一份工作，踏实做下去，他却说，生命在于折腾。

如今，他已经33岁了，还在不停换工作，没有女朋友。别人把生活折腾得热气腾腾，他却把人生折腾得乱七八糟。

当一个人的才华还撑不起自己的野心的时候，就应该静下心来学习；当一个人的能力还驾驭不了自己的目标时，就应该沉下心来历练。

没有一蹴而就的事情，遇到困难就退缩，永远不能把事情做好。

电影《当幸福来敲门》中，爸爸克里斯是一个仅有高中学历的推销员。婚姻解体、生活贫困、事业低迷，他经历了一个又一个人生至暗时刻。

克里斯独自带着儿子生活，兼职两份薪水微薄的工作，一度困难到去医院卖血和去教堂排队领取救济的程度。

为了生活，克里斯带着儿子拜访客户、销售仪器，辗转在旧金山呼啸而过的地铁上、熙熙攘攘的人群中。无家可归的时候，父子俩住进地铁站的公共厕所。

但是，他没有向一地鸡毛的生活投降，而是积极地努力着。

被客户无情拒绝后，克里斯总会笑着说“谢谢”，并诚恳地进行下一次试探；为了赚更多钱，他改行做股票经纪人，恶补专业知识；即使生活困顿到只能买一只篮球，他也会笑着商量给儿子买礼物……

最终，他凭借努力扭转了命运的轨迹，成为一名优秀的股票经纪人。

尼采曾说：“如果这世界上真有奇迹，那只是努力的另一个名字。”

令人印象最深刻的是，影片中，无论生活多么困顿，克里斯上班时都西装领带，干净整洁，面对儿子时，永远都是满脸爱意的微笑。

每个奇迹的背后，都有一个不屈不挠、热爱生活的灵魂。

对大多数普通人来说，生活里很少大起大落，更多的是日常琐事带来的烦恼和消磨。

但生活的意义，恰恰隐含在那些日常生活中最普通的瞬间。

如何把一地鸡毛的生活过好，是真正的考验。

如果你现在正一个人承受风雨，请摆正自己的心态，保持对生活的热爱。风雨过后，那些痛苦将是一笔成长的财富。

能不能热气腾腾地活着，与金钱外貌无关，与学识能力无关，它是一种心态，更是一种能力。

有一年春天，我和几个朋友随驴友团去爬山，山脚下是一个古村落。

乍暖还寒的季节，山上还光秃秃的，草木大多还没发芽，古村也没有想象中的古朴清幽。我们跋涉了十多公里，也没有看到想象中的美景，很多人感到沮丧，有的人边走边抱怨，有的人干脆坐到路边等返程。

而有一位女士，开开心心地边走边拍照，甚至还给街角晒太阳的几位老人拍了一些照片。

返程路上，她把拍摄的照片做成了视频，发到驴友团群里。曲折的石阶、墙角的一株嫩草、树干上的一只蜗牛和古街上的老人，构成了一幅幅生动的画面，灵动清幽。

有人感叹："为什么我没有发现还有这般景色呢？！"

有人开玩笑说："我们去的好像不是一个地方。"

热爱生活的人善于发现生活中的美，有一种化腐朽为神奇的力量。

生活中，我们也经常遇到一些对什么都失去兴致的人：朋友们周末聚餐，说要去某家饭店，他觉得那里的饭菜一般，一挥手，不去了；同事相约去健身，他摇摇头，上一天班就够累了，哪还有精力去折腾；家人商量去度假旅行，他觉得纯粹是花钱买罪受，不如在家宅着舒服……

这样的人无趣，负能量爆棚。

热爱生活的人，对一切充满爱与好奇，以积极向上的态度面对世界。

三毛说："每个人心中都有一亩田，种桃种李种春风，开尽梨花春又来。"

是的，种下桃李春风，才能收获姹紫嫣红。

一个人的人生可以有多苦？

她1岁半时，父母离异，继父性情暴虐，家无宁日；5岁时，遭一个老酒鬼强暴；15岁时，逃离家庭和学校，极度缺爱的她，成为少女妈妈；20多岁，她历经坎坷，成为一名高级时装模特，并和一位富商结婚，但14年后她又被丈夫抛弃；离婚后不久，她患上癌症……

上天仿佛把所有的苦难都降临到她一个人身上。

然而，她却没有被生活打倒，活得热气腾腾。罹患癌症后，通过疏导情绪、科学饮食等方法，半年后，她不药而愈。

她通过自身的经历，总结提炼出生活的智慧，写出了《生命的重建》一书，教人们懂得知足、感恩，学会把握当下，让生命变得充实、快乐。

这本书被翻译成25种文字，畅销35个国家，启发、帮助了无数人。萤光映夜，度人自度。

她就是露易丝·海，美国最负盛名的心理治疗专家。

人生就如打牌，要有拿到烂牌仍能打出王炸的精神和行动力。即使不能赢得整个人生，少输就是赢。

著名心理学家荣格说过：“世界悬于一线，而那根线就是人的心灵。”生活中有很多无奈，我们无法选择舞台，但是，可以立足当下，活出自己真正渴望的，每一天，都过得热气腾腾。

世界上没有完全相同的两片叶子，我们热爱生活的方式也各不相同，更多的时候，是鹰击长空、鱼翔浅底，各自奋斗。

立足各自的生活，热气腾腾地活出自我就好。

这一生，我们付出过，也得到过，爱过痛过，也欢笑过，便是人间值得。

长得漂亮是本钱，活得漂亮才是本事

作为女人，天生美貌是优势，但美貌是件太容易损耗的事物。对于20岁左右的女孩子来说，漂亮如同一张贵宾通行证，但那是老天爷赏饭吃。岁月流逝，30岁以后，更加引人注目的人生赢家不一定是那些长得漂亮的人，而是智慧与品行兼具的知性女子。

近年来，随着《我的前半生》《流金岁月》等影视剧热播，作家亦舒受到了越来越多的人关注。她的书中关于女性的婚姻、成长、金钱的观点和金句，唤醒了很多女性的自律和独立意识。

文如其人，亦舒本人也是凭借自身的智慧与勤奋，活得清醒独立，从容淡定。

她14岁开始在报刊上发表小说，70岁时，出版了自己的第300本书。最高产的时候，她一年写了7本书，都是手写稿。

她之所以这样高产，源于多年养成的自律和坚持：每天早上六点多开始写作，每天要写够4000字，风雨无阻。她平时极少交际应酬，写完稿便打理家务，亲手制作一日三餐，绝不马虎。

偶尔有人批评她的作品不够深刻，她坦然应对道：“不爱看，请看其他优秀作品。选择众多，不怕没有精神食粮。”

为了增加稿费，她也会和报社讨价还价，从不担心掉了大作家的身价。

看过亦舒的照片，相貌平凡，衣着素朴，走在人群中，绝没有人会想到她是大名鼎鼎的作家。但她却用一支笔，把都市小说写出了至高境界，成为香港最成功的作家之一，她笔下的女性被称为“亦舒女郎”。

她曾说过，女人好看的“皮囊是表面，姿态好才是真正的漂亮”。的确，美貌最终会随岁月消逝，唯有独立自信、活得漂亮的女人，能够受到命运的眷顾。

女孩子天生丽质是本钱，等于抓到了一手好牌，做人生赢家的机会多了无数倍。但是，生活不是短暂的牌局，而是一场马拉松。在人生的漫漫长路上，那些在起点占据优势的人，不一定是最后的赢家。

我有一位女同学，家境好，人长得特别漂亮，初中就经常有男孩子在校门口等她，高中时，情书一周收一摞。但她有主见，心无旁骛，一心一意考大学。

高考的时候，她如愿以偿地考进一所不错的大学。读大学时，她被一个有钱的男人追求。毕业后，她就和那个男人结婚生子了。

她曾对我说，自己一门心思考大学的目的就是嫁个好男人，过上好日子，然后抖了抖身上的白色貂皮大衣道：“你看，十多万呢。”

老公对她宠溺，百依百顺。她经常在朋友圈晒欧洲游、晒昂贵的名牌包，同学聚会时也是穿金戴银，有司机专车接送。

几年前，她的老公有了新欢，她打过闹过，都没用。为了心理平衡，她也找了一个“小鲜肉”，结果被老公发现提出离婚。官司打下来，她就得了一套房子。

她多年没工作了，又过惯了养尊处优的日子，始终不想放下面子去工作，只能坐吃山空。谈起将来，她叹一口气说：“就这样吧，过一天算一天，老了再说。”

赢了开头，不一定能赢在最后。无论境遇是好是坏，什么时候都不能放弃自己。

反倒是一些相貌普通的女孩，咬紧牙关，默默前行，赢得了自己想要的人生。

郭春燕是出生在沈阳的一个普通女孩，她的父亲是日本二战遗孤，母亲是中国人。17岁时，她举家迁往日本生活。由于不懂日文，又没有学历，她只能做清洁工。

别人不愿意做的脏活累活，都丢给她做；偶尔办公室有人丢了东西，她第一个被怀疑。在这样糟糕的境遇下，她没有自暴自弃，而是全力以赴做好自己的事。

25岁时，她从一名家用保洁员被录用为羽田机场的一名清洁工，每天清晨六点半上班，要爬50多级台阶到达办公室。这份工作对体力的要求也很高。为了增加体力，她每天都在工作之余取出哑铃，进行肌肉锻炼。

为了做好不同部位、不同污渍的清理，郭春燕自制了20多种清洁小工具，把80多种清洁剂的用法倒背如流，还会快速分析污渍产生的原因和成分，再自己调配相应的清洁剂。

就这样，日复一日，她的清洁工作得到了越来越多人的认可。她在50多岁的时候，被尊为日本“国宝级匠人”，写了5本畅销书，日本NHK专门为她拍摄了纪录片。

一些女孩子总是觉得漂亮是行走的通行证，想尽办法在外貌上下功夫，甚至花费大量的精力和财力去整容。其实，美貌只有短暂的吸引力，无法支撑一个人走完一生。

真正让一个女人立足社会的，是成长和智慧。

巴尔扎克在《幻灭》中说：“一个人要想有所成就，只能靠勤奋学

习和努力工作去争取。”

长得好看，永远不如活得漂亮。

你有没有过这种感觉：多年以后忽然发现，当初的校花、班花，在岁月的打磨下失去了昔日的光芒，泯然众人；而一些曾经不起眼的女生，却变得优雅自信，闪闪发光。

在每一个丑小鸭变天鹅事件的背后，都有不为人知的励志经历。

天生丽质是好看，活得漂亮才是耐看。而好看和耐看之间，隔着在重重岁月里的自强不息、屡败屡战。

耐得住岁月的磨砺，扛得住人生的起起落落，才能从内到外都散发出自信、从容不迫的气场。

多年以后，你读过的书、走过的路、见过的风景，都会成为你对抗生活的铠甲。

天生丽质，不必娇傲；相貌平平，也不必气馁。正确的姿态是，俯下身子，努力修炼，用智力、毅力、自控力提升自己的层次，拓展眼界格局，拿到真正的高分，活出美好人生。

放下面子，才能扛起日子

中国人可能是世界上最讲究“面子”的人。

生活中，我们经常可以听到这样的话：“人要脸，树要皮。”“给个面子。”……连不认字的老奶奶都会说：“不看僧面看佛面。”

鲁迅先生曾专门写作《说“面子”》一文，指出面子是“中国精神的纲领”。

要面子，在某种程度上来说是件好事，意味着一个人有羞耻心，做事有原则和底线。但是，凡事过犹不及，多少人为了一时的面子，而丢了里子；为了面子，而毁了日子。

其实，很多时候，把面子放下，才能把日子过好。

一天晚上，表弟媳妇哭着给我打电话，说表弟又喝醉了，在家里闹。

前阵子，表弟所在的企业破产，他也随之失业。随后，亲戚朋友陆续给他介绍了几个工作，有小区保安，也有超市推销员。他不是嫌钱少，就是嫌“不体面”，说自己以前好歹也是个车间副主任。

他在家一待就是小半年，靠着妻子的两千多元钱的工资生活，还有两个念书的孩子。坐吃山空，压力越来越大，他便借酒浇愁，窝里横，但就是不肯出去打工。

我们都劝他，先找份工作干起来再说。每次都被他驳回："我不要面子啊！"

表弟这样死抱着面子不放，看起来有点可笑，但生活中类似的人还真不少。

明明领着两千元钱的工资，却抽着二十元钱一包的烟；为了买一个名牌包，吃一个月的泡面；看同事买了辆几十万元的新车，自己也赶紧买一辆，哪怕房贷之外再加上车贷，压得自己喘不过气……

一个人越没本事，越把面子当回事。

其实，你的实力和窘迫别人都看得见，强撑着的面子，不过掩耳盗铃。

就如著名作家郑渊洁所说："要面子的结果，大都是没面子。"

一个人越没有什么，越爱炫耀什么。

记得有一年的春节晚会曾上演过一个小品，叫《有事您说话》，说的是一个普通人，为了面子，吹嘘自己"铁路上有熟人，能买到火车卧铺票"。

后来，他的领导、同事们便都拜托他买火车票。为了在领导、同事面前有“面子”，他扛着行李卷去车站整宿排队买票，甚至有时候要自己花高价买“黄牛票”。他对妻子的解释是“咱不能叫人说咱无能”。

这种“打肿脸充胖子”的行为，折射的就是一些人死要面子的心态。**其实，面子是给别人看的，日子却是自己过的。把面子放下，才能把日子过好。否则，很多时候，丢了面子，又丢了里子。**

我有一个同学是公司老板，交际广，有面子。

他有位好朋友的妻子下岗，朋友找到他，求他在公司给妻子安排个工作。

尽管朋友的妻子不太胜任自己公司的业务，他还是给安排了一份压力相对较小的工作，每月领几千元钱的工资。

但是，朋友的妻子经常回家抱怨自己工作压力大。朋友以为是他故意刁难，干脆让妻子辞职了，两个人的关系也疏远了。

这位老板后来反省说，为了一时的面子，最终丢了朋友，还落得不仗义的名声，真是得不偿失。

很多时候，放下面子，才能给自己“松绑”，踏踏实实过好日子。

在电视剧《我的前半生》里，罗子君离婚后去超市打工，一天下来，腰酸腿疼，于是她又去之前常去的美容院做按摩。

但她被店员告知，她的卡里只剩了一百多元，不够一次按摩的钱了，可以先充值一万元钱再做。囊中羞涩的罗子君用好友唐晶的卡做了按摩。

后来，唐晶告诉她：不能一边挣着两千元的工资，一边做着昂贵的按摩。并禁止她再刷自己的卡，否则，她养不起自己，更争不来儿子的抚养权。

此后，罗子君放下面子，低下身子，开始了人生逆袭。

在奢侈品牌店做柜员时，碰巧她的一位大学同学来买鞋。她极力掩藏自己，但还是被同学认了出来。尴尬之后，她立刻放下面子给同学介绍鞋子，最终同学买走了两双。

后来，她更是放下面子，半跪着给前夫的新妻子凌玲试鞋。

这样，她才能连续三个月当上销售冠军，被人刮目相看，自己也越来越自信。

一生很长，谁的人生也保不齐会陷入一段低谷，经历一段灰暗的时光。这个时候，最要紧的不是死守着从前光鲜和优渥的记忆不放，而是面对现实，从头开始。

作家刘震云的作品《一句顶一万句》里写道："日子是过以后，不是过以前。"

与其在意别人的眼光，死要面子，不如多关注自己和家人的切实需求，踏踏实实做点什么，重新出发。

当你放下面子赚钱的时候，你已经懂事了；当你用钱赚回面子的时候，你已经成功了。

很多时候，太要面子是一种不自信的表现，总想凭借一些外在的东西装点门面。有人为了买新款手机去借贷；有人为了买名牌包吃一个月泡面；也有人为了抬高身价，宣称自己认识某某人。

其实，真正有实力、有智慧的人，大都不在乎别人的眼光。

已故中国科学院院士李小文，多年来致力于光学遥感应用研究，还创建了几何光学模型，是目前国际光学遥感领域最顶尖的三大专家之一。

就是这样一位大科学家，衣食住行非常简朴，人也特别随和，不摆架子。无论是在大学课堂授课，还是参加学术会议，他经常穿一双家常平底布鞋，成为大家眼中平实可亲的“布鞋院士”。

他浑身没有一件名牌，出入没有豪车，却用丰盈的精神活出了令人仰慕的一生。

电影《一代宗师》里有一句话：“人活在世上，有的活成了面子，有的活成了里子。而只有里子，才能赢得真正的面子。”

人生在世，各有各的隐晦，也各有各的皎洁。有人要面子，有人看重里子。真正放下面子的人，才最可能既有面子，又有里子。

作为普罗大众，面子再重要，也比不上踏实过日子。

放下面子，过好日子，是智慧，也是能力。

成年人最好的活法，就是降低期待

生活中，你是不是也曾遇到过这样的事情：精心发布了一条朋友圈，却发现点赞和评论寥寥无几；在单位被领导误会而挨骂，希望同事可以帮自己证明清白，他们却选择了沉默；和伴侣吵架摔门而出，本以为对方会阻拦挽留，走了很远，却发现身后只有黑夜。

于是，你暗自失落，甚至心生怨气，觉得自己的人生很失败。

究其原因，是因为你对别人有过高的期待，希望别人做某件事、成为某个样子，期待落空，就痛苦了。

日本作家佐藤光郎说："所有的怨气，都是因为对对方充满期待才产生。"

所以，成年人最好的活法，就是降低期待。

昨天，意外听说我的初中班主任魏老师去世了，原因令人唏嘘。

魏老师的儿子大学毕业后，入职了北京的一家单位，谈了个女朋友。准备结婚的时候，女方提出要买房子。

魏老师和老伴的退休金不算低，但是，除了供儿子读书，还要供养家在农村的父母，积蓄并不多，要在北京这样的城市购房，他们所有的积蓄也不够首付。

儿子见父母帮不上自己，话里话外埋怨父母无能，还说起自己的一个同事，父母卖了自己住的楼房，搬回农村老家，帮他凑够了首付。

被儿子抢白之后，魏老师心脏病发作，送到医院后，抢救无效去世了。

这件事看起来是极端个例，其实类似的事情比比皆是：长大后，嫌弃自己的父母不够有学识，不像别人的父母得体优雅；工作后，看到身边某个同事、朋友的风光，暗自埋怨自己的父母无能……很多时候，父母甚至成了很多人难以启齿的存在。

事实上，绝大多数父母都是普通而平凡的。他们虽然能力不够，但为了给我们更好的生活，已经拼尽了全力。

我们今天所拥有的一切，都离不开父母的默默托举。父母已经给了我们生命和力所能及的最好生活，就不要对他们再有太多的期待。

总抱怨父母无能的人，本质上是对自己无能的愤怒。

日本导演北野武曾经说过：“一个人是不是长大成熟，要从他对父母的态度来判断。当你面对父母，觉得他们‘好可怜’‘真不容易’时，就是迈向成熟的第一步。”

承认、接纳父母的平凡，放下对他们过高的期待，勇敢面对自己的生活，活出父辈期望的人生，才是正确的姿态。

说起婚姻，很多女孩的选择都是找一个可以托付终身的人。

找一个优秀的伴侣共度人生是没错的，但是，千万不要把自己的一生都托付给对方。因为期待过高，往往是亲密关系的杀手。

多少已婚女性在和伴侣聊天时，内容是这样的：同事的老公出差回来给她带了个大牌包；你看那谁谁，不声不响又买了套大房子；那个不起眼的同学，竟然当了领导……

潜台词就是：你怎么就那么没用呢？

其实，婚姻是场双人舞，需要两个人密切合作，把期望全部寄托在对方身上，只会给对方造成巨大的压力，甚至让对方产生逆反心理，导致亲密关系破裂。

曾经在电视上看过一期《爱情保卫战》，当事人是一对打工夫妻，妻子嫌弃丈夫没有上进心，不能满足自己和孩子的需求，希望他多做份兼职。

事实是，丈夫是位快递员，夜里三点上班，一直到第二天中午十二点才下班。如果再兼职，就没多少休息时间了。

但是，妻子想换大房子，想要更好的生活，孩子还要上钢琴、拉丁舞培训班，不能输在起跑线上……

两个人的问题是，妻子对丈夫的期望过高。

每个人都有自己的能力上限，对伴侣期望过高，只能让自己失望更大。

难怪主持人听完妻子的表述后，忍不住问道：“你不怕把他累死呀？！”

对伴侣期望过高，往往会放大对方的缺点，怎么看都别扭，日积月累，婚姻难免出问题。

要提升婚姻幸福感，就要降低对伴侣的期望。

降低期望，不等于没有期望。更理性、更平和地直面对方的优缺点，因势利导，拾遗补阙，让彼此变得更好，让婚姻更加和谐幸福。

朋友们聚会，聊起孩子教育，一位刚生了二胎的宝妈说，自己只希望孩子健康成长，至于读名校、出国什么的，没什么特别期望。

看我们一脸不解，她说，从小父母就对她严格要求，希望她能出人头地，为全家争光。

小学时，自己不负父母所望，成绩没出过前三名。但是，初中以后，随着课程难度增加，成绩不断下滑。

父母花费了很多心思，给她请家教，买课外习题，甚至请老师帮忙调座位，让她和班里第一名的同学坐在一起，但是她的成绩就是徘徊不前。

她焦虑不已，高二的时候一度抑郁，休学回家。

虽然后来考进了大学，但是，她并不快乐，直到今天，她也不愿意触摸书本。

最后她笑着说，自己没有成为“别人家的”父母，也不期望孩子成为“别人家的”孩子。

想起曾经看过的一句话：“家庭环境和教育方式若不能给孩子的成长插上翅膀，就容易给孩子的人生发展戴上枷锁。”

也许父母给孩子最好的爱，不是让他变成父母希望的样子，而是让他成为自己想成为的那个人。

东野圭吾的小说《恶意》讲述了一个让人脊背发凉的悲剧：畅销书作家日高邦彦在家中离奇死亡，警察破案后发现，凶手竟然是他的发小野野口修。

他俩从小就住在同一个街区，小学、中学也在同一所学校。野野口修胆小自卑，经常被同学欺负，日高邦彦总是站出来保护他。

长大后，日高成了大名鼎鼎的作家，野野口修只是一名普通的中学老师。为了帮助野野口修实现自己的写做梦，日高邦彦不仅给他写作建议，还帮他联系出版社。

但是，野野口修的作品没有给他带来预想的名利，而日高邦彦却凭借一部部爆火的作品，住上了别墅，还准备移民国外，享受生活。

日高邦彦做梦也想不到，他那么信赖的朋友，竟然用两年时间伪造出种种证据，并在他出国前一天将其杀害。

现实没有小说那么残酷，但是“我把你当朋友，你把我当傻瓜”的事情并不少见，很多人都有过对朋友失望的经历。

生活中，我们经常陷入的一个误区是：我对他这么好，他也应该对我同样好。其实，人生大多时候，是不等式。

你觉得很重视一段感情，跟对方掏心掏肺，两肋插刀，而对方，也许只当你是个熟人；你觉得他应该在你遇到困难的时候帮助你，而对方只喜欢锦上添花，毕竟雪中送炭实在太辛苦、太麻烦。

过高地估计了你和别人的关系，希望越大，失望也会越大。因为一旦期待落空，那种强烈的落差感会让人怀疑人生。

不高估自己和任何人的关系，降低期望，是维持关系，也是保全自尊的最好方式。

生活是多彩的，人性是复杂的，一个人不要盲目乐观，也不要对未来失去希望。正确的态度是，过好自己的人生，把其余的，都当作生活的恩赐。

把期望降到最低，所有的遇见都是礼物。

收得住脾气，才能留得住福气

生活中，每个人都会遇到令人愤怒的人和事。

发脾气是本能，但往往解决不了问题，还会破坏人际关系，更重要的是，气大伤身，得不偿失。

那些真正厉害的人，都把情绪调成了静音。因为他们知道，要留住福气，先要管住脾气。

鬼谷子曾说："貌者，不美又不恶，故至情托焉。"就是无论遇到什么事情，既不喜形于色，也不怒目相待的人，是值得信赖的，可以托付大事的。

的确，一个人越温和，福报越深。

你是不是也曾遇到类似的场景：在单位里，无缘无故被人诋毁；开车路上，差点撞上逆行的三轮车；回到家，一道题讲了三遍，孩子还是不明白……

遇到这些问题，生气发怒是人的本能，但是，如果总是由着性子来，与别人争执、发脾气，有时候，不仅解决不了问题，还会造成新的麻烦。

有人说，“怒”字拆开来看，上面是“奴”，下面是“心”，也就是说，一个无法控制自己情绪的人，很容易沦为心态的奴隶。

只有能控制自己情绪的人，才能成为自己人生的主人。

有一天晚上，我开车去机场接我哥哥回家。到了一个十字路口，绿灯亮了后，前面的一辆三轮车却没有起步。

我落下车窗探身往前看，后面的司机冲我喊：“看什么看，赶紧走啊！”

我立刻没好气地回一句：“又不是我不走，前面挡住了，没看见吗？”

坐在副驾驶座上的哥哥示意我不要冲后面的司机喊，然后他下车朝着后面说：“不好意思，前面有辆三轮车挡住了，我去看看是怎么回事儿。”说着便到前面查看。原来，是三轮车司机在打电话，没注意绿灯亮了。

开过这个路口后，我对哥哥说：“你的脾气也太好了，明明是那个司机没看到前面的三轮车，错怪了咱们。”

哥哥说：“如果咱们和他吵起来，有什么好处呢？吵架解决不了问题。”

我哥年轻的时候，可是一言不合就发火的暴脾气。这些年，他一个人在外地工作，从普通员工一直做到副总，本事越来越大，脾气却越来越小了。

达尔文曾说："脾气暴躁是人类较为卑劣的天性之一。人要是发脾气，就等于在人类进步的阶梯上倒退了一步。"

那些有本事的人，其实不是没脾气，而是懂得克制自己的情绪，理智冷静地处理问题。因为他们深知，在愤怒中做出的决定，往往会令人追悔莫及。

人生路上，走着走着，你总会遇到一些你不喜欢的人和事，也会遇到一些看不惯你的人，遭遇一些不公正的待遇，甚至失败。

这是人生的常态，不必生气，不必抱怨，更不必锱铢必较，愤愤不平。

有句话说得好："如果连自己的情绪都控制不了，即便给你整个世界，早晚你也会毁掉一切。"

曾在网上看过一个新闻：南京的一位外卖小哥着急送餐，因为没赶上电梯，情绪瞬间失控，不停踹电梯发泄。小区物业报案后，民警通过调取监控录像，找到了他。

外卖小哥称自己家中发生了一些变故，心情特别糟，又没赶上电梯，一时冲动，做了蠢事。

经民警协调，物业工作人员接受了外卖小哥的道歉和2000元的赔偿。这位小哥一脚踢没了半个月工资，还差点被拘留，真的是得不偿失。

作家张小娴曾说：“诸事不顺，因为还是有脾气。”

有脾气，苦了别人，也苦了自己。要学会管住自己的脾气，遇事不要着急，多一些耐心，才能留住平安和福气。

我们单位曾经发生过这样一件事：

有一年，竞选人事部主任。总共有四个人参加，其中大周和阿立能力相当，最有希望当选。

笔试成绩出来后，大周稍高于阿立。接下来是竞聘演讲，现场无记名投票。笔试和演讲两项分数相加，决定最后人选。

演讲投票前，大周频频出入各领导办公室，而且不断请同事们聚餐。很快，单位里就有一种传言，说主任一职已经内定大周了。

阿立的脸色越来越不好看，甚至私下里和朋友说：“既然这么不公平，不如退出。”

演讲那天，阿立是被几位同事拖进会场的。结果，他以高票胜出。

后来，阿立说，幸亏自己当时没有冲动，去找领导“理论”，也幸亏在朋友的劝说下，参加了竞聘。

作为一个成熟的成年人，你能在多大程度上控制住自己的情绪，就能获得多大的成功，无论感情，还是生活。

无数事实证明，能掌控好自己情绪的人，才能最终收获幸福与运气。

没有人天生是好脾气，从来不生气。

只是内心强大的人，在日复一日的历练中，提升了自己的格局，看清了人生的真相，学会了控制自己的情绪。

生活中，我们经常发现：本事越小的人，脾气越大；而越是有本事的人，越没脾气。

不是没脾气，而是他们有强大的自控力。

在美国电影《马利和我》中，有这样一个情节：男主角约翰和妻子珍妮有了孩子后，珍妮辞职成为全职主妇，接着他们换了新房子，约翰还向报社主编提出了升职加薪的请求，一家人的生活看上去充满了希望。

然而，那天约翰开车回到家后，并没有马上下车，而是在车里默默地坐了很久，表情颓废，茫然中有一丝脆弱。

但当他最终打开车门，回到家里，表情立刻变得自信和快乐。他还是那个强大的、可以依靠的丈夫和父亲，而不是刚才独自坐在车里、看上去脆弱不堪的那个人。因为他深知，家是爱和温暖的港湾，不是压力与情绪的垃圾场。

他所有的压力和情绪，只能在小小的车内调整，出了这个车，他就要整理情绪，成为积极努力的员工和强大的一家之主。

生活中类似的场景不胜枚举，更多的时候，我们不仅要把最好的情绪带给家人，还要消化处理好外在的压力。

人生在世，难免会有人看不惯你。

你若优秀，一定会有人嫉妒，处处盯着你的缺点，甚至无中生有，制造事端；你若平庸，便容易遭到别人的蔑视。

这是人性的一面，如果因为这些生气，那你这一辈子会有生不完的气。

面对刁难和诋毁，想想高僧寒山和拾得的那段经典对话：

寒山问拾得："世人谤我、欺我、辱我、笑我、轻我、贱我、恶我、骗我，如何处之？"

拾得答："只是忍他、让他、由他、避他、耐他、敬他、不要理他，再待几年，你且看他。"

不生气，你就赢了。

人生在世，想要过得好，更重要的是心态。

心态好的人，懂得为生活调味，让琐碎的日常生活变得生动有趣。

人生不如意事，十之八九。遇到不如意，不妨对自己说："没关系，一切都会过去的。"

开心过好每一天，才不枉此生。

那些让你不舒服的关系，就算了吧

高中时候，我和同学阿灿是十分要好的朋友。无论什么事，我们都会第一时间和对方分享，甚至同时喜欢上一个男孩子，也会彼此谦让。别人见到我们俩中的一个，就会问：“怎么只有你自己，她呢？”

原以为可以这样好上一辈子，没想到，高中毕业后，我们渐渐失去了联系。

有一次，闺密老顾的女儿考上了某部委公务员，我陪她去商场给女儿买生活用品的时候，竟然遇到高中同学阿灿。

我和她激动地寒暄拥抱之后，说起闺密女儿的事。阿灿在羡慕之余，望着老顾说：“你们家背景很强大啊……”老顾有点尴尬，一时无语。我告诉阿灿：“现在的公务员考试很透明，很公正。”

不料，我这话引起了阿灿的各种吐槽。听着她对生活的种种不满与偏执的理解，我不知道说什么好，脑子里闪过一句话：世界上最遥远的距离，是我就在你面前，却无法靠近你。

和阿灿告别时，我们互加了微信好友。她的朋友圈，基本上都是参加各种促销活动求赞，偶尔给我发个砍价的链接。我默默地帮她砍了几回，没主动和她说话。

当你成为飞鸟，翱翔天空，当我成为游鱼，潜入海底，我们就成了你和我，横亘着鱼与飞鸟的距离。我想起陈奕迅的歌："为何旧知己，在最后变不到老友；来年陌生的，是昨日最亲的某某。"

知乎上有一个问题："好朋友为什么会逐渐疏远？"

有一个高赞回答："因为渐老的岁月和渐远的三观。"

这个回答瞬间戳中了我内心最柔软的部分：曾经形影不离的我们，后来却渐行渐远；曾经无话不谈的我们，再见却相对无言；曾经说好同甘共苦，如今却海咸河淡。总之，不知道从哪一刻开始，彼此都觉得了累，也曾试着想挽回，却更觉心力交瘁。

其实，如果你和对方三观不同，就不必强融。爱情是这样，友情也是如此。好的关系，都应该是舒服的。

学生时代读鲁迅的文章，最喜欢的就是他和闰土的友谊。由于年纪相仿，他们很快玩到一起，成了无话不谈的好朋友。闰土健康活泼，教给鲁迅捕鸟、抓兽、看西瓜，还告诉鲁迅好多高墙大宅内见不到的新鲜事儿，让鲁迅羡慕不已，亲热地喊他“闰土哥”，两人情同手足。

闰土父亲结束了在鲁迅家帮佣，要带闰土回乡下时，少年鲁迅急得大哭，闰土也躲到厨房里不肯出来。

两人再次相见，已经是中年。鲁迅吃过饭，正在喝茶，闰土忽然来了，鲁迅激动地站起来说：“闰土哥，你来了？”

闰土此时已经有六个孩子，他接替父亲，成为鲁迅家的帮佣。他体态臃肿，一脸沧桑，望着鲁迅，嗫嚅了半天，本能地喊了一声：“老爷……”

曾经两小无猜的好朋友，真情还在，中间却已经隔了一条河。这条河太宽了，隔了漫长的岁月，盛满了人生的酸甜苦辣，再也无法逾越。就像《半生缘》里曼桢对着昔日的恋人说：“我们，回不去了。”

这样的情形，我们也曾经遇到过：曾经睡在上下铺的兄弟，一起翘课追女孩、不分彼此的好友，毕业十年、二十年后，人生已经大不相同，有人在“北上广”横刀立马，有人在海外拿了绿卡，有人却下岗失业……在同学聚会上重逢，除了一起回忆过去，就只剩掩不住的尴尬。

往日真情犹在，只是生活环境大不相同，我可能再奋斗十年，也无法轻松地坐下来与你喝杯咖啡，曾经两小无猜的我们，终于活成了不同的人生。

凡·高与高更是同时代的艺术家，二人有过一段“同居”岁月。那时候，意气风发、充满自信的高更一直是凡·高向往的对象。向往到极致，35岁的凡·高邀请40岁的高更来自己的小镇上同住。基于艺术家的相互欣赏，高更欣然答应。

凡·高喜不自禁，为了迎接高更，他画了《房间》，并按照画中的情形布置房间，还画了那幅著名的《向日葵》，挂到房间里的墙上……

凡·高对高更这个朋友，饱含着热情与期待、敬畏与嫉妒。复杂的情感，使得他们在一起的日子并不愉快。除了二人在艺术上有分歧，高更很快厌烦了凡·高过分的体贴与讨好，他觉得友谊不应该是这样的。而此时，凡·高对高更的迷恋已经近乎疯狂，那段日子，高更经常半夜醒来，被床边凝视他的凡·高惊出一身冷汗。

友情的真谛是平等、舒适、踏实。情谊的天平一旦倾斜，就无法维系。

在凡·高近似疯狂的举动下，高更落荒而逃。凡·高发现高更悄悄离去后，绝望地割下了自己的耳朵。想想，如果自己有这样的朋友，会不会也心惊肉跳地逃走？

有句话说得好："友情生于共鸣，毁于分歧。"真正的情谊，是无须讨好的。如果一段关系让你觉得不舒服，你就要考虑快刀斩乱麻了。

很多人都知道，张爱玲年轻时有一个特别好的闺密叫炎樱，张爱玲的很多文章里都有写她。两个人好到什么程度呢？张爱玲说过，在这个世界上，炎樱是无法替代的。而且，张爱玲的两次婚姻，炎樱都是证婚人。

后来，张爱玲与胡兰成闹分手，胡兰成还曾经求炎樱帮助斡旋。关系这么好的两个人，却慢慢疏远，以至老死不相往来。

我大概能想得出她们友情发展的过程：开始的时候，两个人里，张爱玲是主角，她才华横溢，风头无两，相貌、家室、才华都不如张爱玲的炎樱是作为配角存在的。后来，张爱玲去美国后，生活落魄，多亏了炎樱帮助。

这时候，她们的生活处境已经悄悄发生了变化。炎樱在和张爱玲交流的过程中，会有意无意地谈及自己的优渥生活与一场场爱情，这让敏感、自尊又孤独的张爱玲感到很失落。

换了任何一个人，有个朋友天天在身边秀优越，大概也会不爽吧？所以，后来张爱玲与炎樱渐渐疏远，甚至身后事也是交代给远在台湾的宋琪夫妇，而不是同在美国的闺密炎樱。

宋琪夫妇也曾在张爱玲生活窘迫时给予她无私帮助，而且，宋琪夫妇懂得交友之道，他们低调沉稳，不打探张爱玲的隐私，也不利用她的名气赚钱，只是在一旁默默关注，在她需要的时候出现，也不对外界泄漏她的行踪和消息，这让性格孤僻的张爱玲感到很舒服。

最好的关系，不是天天在一起，而是我懂你。懂你的骄傲与自尊，明白你的不堪与无奈，看破不说破，默默地站在你的身后，护你自在舒服。

真正厉害的人，都在过“低分贝”人生

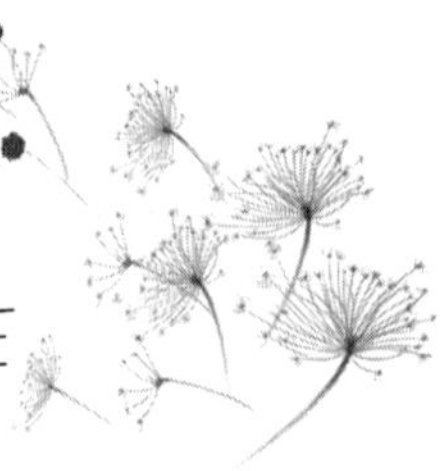

中国有句古话：“修身齐家治国平天下。”一个人只有修炼好自我，才能经营好家庭，做出不平凡的事业。

现代社会，喧嚣浮躁，想要涵养身心，最简单的办法就是过“低分贝”的生活。

你是不是也遭遇过这样的事：公交地铁上，本想闭目养神一会儿，不料身边一直有人在高声交谈打电话；餐馆里，正和朋友享受美食，却不断从隔壁传来吆五喝六的喧闹声；在家中，本想早点入睡，却被楼下撕心裂肺的吵闹声折腾到半夜……

自己的喧嚣给别人造成了困扰，却浑然不觉，甚至扬扬自得，是缺少修养的表现。

梁实秋说过：“大声说话，是本能；小声说话，是文明。”

一个人说话的音量，体现着他的修养。

音量和音质，甚至可以改变一个人的命运。

电影《窈窕淑女》里，奥黛丽·赫本扮演一个穷苦的卖花女，声音粗鲁，言语粗鄙。她每天在大街上大声叫卖，声音尖利，被厌恶地称为“发出令人厌恶和不舒服噪声的女人”。

后来她遇到了语音教授希金斯，意识到自己这样下去会穷困一生，于是决心改变自己的发音，提升自己的语言修养。她将自己所有的积蓄拿出来，请希金斯教自己控制声音的技巧。

半年后，言语粗鲁的卖花女孩，声音变得纯正柔和，人也变得优雅自信，最终，还收获了甜蜜的爱情。

影片中有句话让人印象深刻：“听一个人说话的语气和音量，就能断定他属于什么阶层。”

现实生活中，仔细观察就会发现，那些动不动就提高音量、无所顾忌的人，往往缺少修养和自信。

越是有底气的人，越懂得和颜悦色地解决问题，令人如沐春风，所谓“贵人语声低”。

电影《乘风破浪》里有句台词：“你不需要那么声势浩大，控制自己的声音才有最强大的气场。”

一位大学教授说，他住在教授宿舍时，几年听不到高声说话或夫妻吵架的声音，而搬进了商业公寓后，他震惊地发现，每天都能听到有人在大声说话或歇斯底里地争吵。

修养越高、越体面的人，越能顾及他人，控制情绪。

过于喧哗的人，往往成不了气候。保持声音的“低分贝”，才能拥有不凡的人生。

梭罗曾说：“大多数人，都生活在平静的绝望中。”

每张看似平静的面孔背后，都有不为人知的委屈与坚持。因为他们知道，一旦情绪失控，后患无穷。

闺密老顾在一家咨询公司工作，有一次遇到了一个难缠的大客户，一个计划书反反复复修改了十几遍，对方依旧不满意。

眼看半年考核一天天逼近，如果拿不下这个项目，不仅部门业绩不达标，自己的升职机会也大概率会流失。

于是，老顾不眠不休，按照客户的要求又修改了一遍。没想到，客户还是不满意。

老顾瞬间崩溃，把计划书往客户的跟前一摔，怒气冲冲地吼道：“不想合作就直说，用不着这么折腾人！别以为有点钱就了不起，我还不伺候了！”

然后，合作终止，老顾被降职，年度奖金被取消。

多年以后，老顾回忆起那次经历，自嘲说：“动不动就大吵大叫，是最愚蠢无能的表现。”

人生就是这样，做不了情绪的主人，就只能做情绪的奴隶。

奥里森·马登在《一生的资本》中写道：“任何时候，都不应该使一切行动都受制于自己的情绪，而应该反过来控制情绪。”

成熟的成年人懂得戒掉情绪，不动声色地收拾起遍地狼藉。

曾看过一个问答，问题是：“你是从哪一刻开始，感觉自己变成熟的？”

有个高赞回答是：“从学会控制情绪开始。”

行走社会，一个人难免会遭遇不公平的待遇、劈头盖脸砸过来的委屈，甚至陷害与算计，无数次徘徊在崩溃的边缘。

当你无力改变现状时，请打落牙齿和血吞，默默收起负面情绪，保持冷静，从容应对，相信假以时日，你会成为人生赢家。

作家傅首尔说：“藏不住的崩溃只是伤痕，藏起来的崩溃才是勋章。”

把情绪调为低分贝，喜而不语、苦而不言、怒而不发、哀而不伤，是成年人最高级的能力。

在美国科幻哲理小说《抓落叶》中，有这样一个情节：

人类是外星智慧创造的，送到地球上体验人生。女员工梅里亚姆担心人类去了地球会爱上那里，一去不返，就故意在人的心脏旁边挖了一处空洞，用这处缺陷牵引着人类不得不返回。

和她一起工作的男员工看到后，怕领导责罚，拼命地填补空洞。他把爱、愤怒、悲伤、快乐等所有情绪都注入那个空洞，试图填满它。

可是，他们发现，代表人类欲望的空洞永远也填不满。

男员工绝望地说："无论怎样填补，我们永远都给不了他们想要的。"

"他们想要什么？"梅里亚姆问。

"更多！"

是的，人类欲望的黑洞，永远无法填满。

放眼世界，多少人终其一生都在追名逐利，甚至为达目的不择手段。

在消费主义盛行的当下，人的欲望越演越烈：房子越买越大，车越换越豪华，吃穿越来越讲究……

老子说："祸莫大于不知足，咎莫大于欲得。"他老人家早就告诉我们，大多数祸害源自人性的弱点：贪得无厌。

想要的越来越多，目标越来越高，心也越来越累。现代人的很多痛苦和焦虑，均来源于此。

周国平说：“一个人只要肯约束自己的欲望，满足于过比较简单的生活，生命的疆域会更加宽阔。”

学会精简自己的欲望，知足常乐，才能活得洒脱自在。

心怀敬畏，克己自律，才能在时光中厚积薄发，活出自己的山河辽阔。

人生最好的活法：让自己开心，让别人放心，让家人安心

行走世间，每个人都曾心怀梦想，仰望星空，渴望自己的诗和远方。但是，在现实中辗转，有一天你会发现，生活并非自己想象的那样美好。

不是所有的人生都一帆风顺，也不是所有的付出都有回报。常常有暗流汹涌中的孤立无援，还有养家糊口下的委曲求全。

曾想放下这一切“躺平”，无奈牵挂太多，于是纠结郁闷，无法自拔。

其实，茫茫人海，各有各的喜怒哀乐，也各有各的悲欢离合。

最好的人生，不是有多少高光时刻，而是努力让自己开心，让别人放心，让家人安心，将平凡的日子过得有声有色。

一个人从懂事开始，便有了烦恼，成家立业后，更是背负着一个家庭的希望。在“内卷”越来越严重的时代背景下，成年人的压力与日俱增。

于是有人说：“太难了，人间不值得。”

人生不如意事，十之八九。真正聪明的人，懂得忘记苦难，享受一二分的甘甜。

想一想，一个人即使活到 90 岁，也只有 3 万多天，除去必须花费时间和精力的事情，真正属于自己的时间并不多。所以，让自己开心，才不枉人间走一遭。

功名利禄，看淡一些；人情世故，看开一些。知足常乐，便少了许多烦恼。

在我居住的小区附近有一个公园，每天晚上，公园的湖边总有一个中年男人在吹笛子。笛声宛转悠扬，渐渐吸引了一些人驻足聆听。

时间久了，人们大概了解了他的故事：

企业改制，夫妻俩双双下岗，租房开了一间早餐店。房租、女儿的学费、一家人的生活费，都靠夫妻俩起早贪黑拼命挣得，一天下来，腰酸背痛。但是，他总会在晚饭后到公园里吹一会儿笛子。

笛声一起，所有的困顿烦恼便烟消云散。

想起奥黛丽·赫本说过的一句话："人最重要的是有能力自我修复，自我复活，自我救赎。"

人生实苦，总要自己调出点甜，才能对抗生活的千疮百孔。

孔子门生众多，但让他称赞不已的只有颜回："贤哉！回也。一箪食，一瓢饮，在陋巷。人不堪其忧，回也不改其乐。贤哉！回也。"

一碗饭，一瓢水，住在简陋的小巷里，在这种清苦的处境里，颜回却依旧自得其乐，这才是真正的智者。

要让自己开心，除了修炼自己的心胸，提升自己的格局，坦然接受命运的馈赠，最重要的是学会取悦自己。

看一场喜欢的电影，听一首喜欢的老歌，看一本心仪已久的小说，或者找个清净的地方，喝杯茶，发个呆。

也可以邀三五知己喝杯酒，逛逛街，让心情焕然一新。

取悦自己，不是逃避，也不是抵抗，而是让自己转换心境，养精蓄锐，更有掌控生活的信心和力量。

周末和闺密老顾喝茶的时候，她接到了单位的电话，说是有个周一要用的宣传册出了问题，需要修改、重新印刷。

作为企划部主管，我以为她要立刻赶去单位。

老顾笑着摆摆手说不用，然后拨了一个电话，三言两语交代给一位下属后，继续悠然喝茶。

老顾说："这个同事特别靠谱，什么事都能处理得妥妥帖帖，从没掉过链子。"

关键时刻，能让他人如此信任，成为工作中的"救火队员"，大概是职场人士最出色的能力了。

巴菲特曾说："靠谱是比聪明更重要的品质。靠谱的人不一定是聪明的人，但一定是明白自己的能力边界、有能力、可靠的人。"

生活中，我们经常会遇到一些人，让人无法放心：答应好的事，总不能兑现；约好的时间，总要一再拖延。

很多时候，让别人放心是一种能力，更是一种态度。

魏晋名士嵇康和山涛同在“竹林七贤”之列，也是好朋友。后来山涛为司马氏效力，嵇康则隐居山林。

山涛几次举荐嵇康出山做官，但都被嵇康拒绝，最后一次，嵇康还挥笔写下一封著名的绝交书。世人都觉得两人恩断义绝了。

然而，后来嵇康临终前，没有将儿子嵇绍托付给自己的哥哥，也没有托付给七贤中别的友人，而是托付给了山涛。

他对儿子说：“山涛在，你不会成为孤儿了。”

果然，在嵇康离世后，山涛将嵇绍视如己出，并将其培养成一代忠臣。

让别人放心，是一种美好的品行。

让人放心的人，也许不完美，甚至有种种缺点，但人品一定敦厚可靠，所以，一旦有事，别人会首先想到他。

人与人之间，最重要的就是信任，而信任来自于对彼此人品的放心。

这样的场景是不是很熟悉：明明刚失恋，脸上还挂着泪花，接到父母的电话，立刻嘻嘻哈哈地向父母报平安。在单位遭遇不公，心情沮丧，却在迈进家门口的瞬间，换上了笑脸。

明知自己是个普通人，却总喜欢和孩子说：“放心，有我呢……”

为了让家人安心，多少成年人心甘情愿扛起了一切。

前阵子，在上海打拼多年的同学周明辞职回到了老家。因为他的父亲突发脑血栓，后半生需要在轮椅上度过。

他卖掉了上海的小房子，在老家买了一个大房子，把父母接到一起住，然后用剩下的钱开了一家电脑公司。

我问他：“人人都向往大都市，你却说离开就离开了，会不会感到遗憾纠结？”

他说：“肯定有遗憾，但照顾好父母是最重要的事。没能力把他们接去上海，我就回来。”

看过一个问答，问题是：“你是从哪一刻起，忽然有了责任感的？”

有一个回答让我印象深刻：“看到父母身体佝偻、步履蹒跚，看到自己的孩子牙牙学语，忽然想到那句‘老吾老，幼吾幼’的时候。”

是的，当父母渐渐老去，孩子渐渐长大，成年人的肩上就多了压力和担子，也多了责任和担当。

如果把责任当成包袱，满腹牢骚，就会越活越累。如果当成前行的动力，积极面对，生活就会越来越美好。

一个人奋斗最大的意义，也许就是让亲人过得更安逸，更有尊严。

人生苦短，来世间一趟，总要让自己觉得人间值得。

让自己开心，是过好一生的基础；让别人放心，是过好一生的关键；让家人安心，是奋斗一生的意义。

有能力，有担当，又能随时随地让自己开心，你就是人生的胜利者。